图书在版编目（CIP）数据

媲美明星.3，心机美颜术 / 小P老师著. — 南京
江苏人民出版社，2012.10
ISBN 978-7-214-08793-5

Ⅰ．①媲… Ⅱ．①小… Ⅲ．①化妆—造型设计②理发
—造型设计③服装—造型设计 Ⅳ.①TS974②TS941.2

中国版本图书馆CIP数据核字（2012）第228910号

书　　　名	媲美明星3 心机美颜术	
著　　　者	小P老师	
责 任 编 辑	刘　焱	
特 约 编 辑	张强强	
装 帧 设 计	门乃婷工作室	
出 版 发 行	凤凰出版传媒股份有限公司	
	江苏人民出版社	
出版社地址	南京湖南路1号A楼 邮编：210009	
出版社网址	http://www.book-wind.com	
经　　　销	凤凰出版传媒股份有限公司	
印　　　刷	北京画中画印刷有限公司	
开　　　本	889毫米×1194毫米 1 / 24	
印　　　张	7.25	
字　　　数	110千字	
版　　　次	2012年10月第1版 2012年10月第1次印刷	
标 准 书 号	ISBN 978-7-214-08793-5	
定　　　价	39.80元	

（江苏人民出版社图书凡印装错误可向本社调换）

媲美明星3

小P老师/著

心机美颜术

江苏人民出版社

图书在版编目（CIP）数据

媲美明星.3,心机美颜术 / 小P老师著. — 南京
江苏人民出版社，2012.10
ISBN 978-7-214-08793-5

Ⅰ．①媲… Ⅱ．①小… Ⅲ．①化妆—造型设计②理发
—造型设计③服装—造型设计 Ⅳ.①TS974②TS941.2

中国版本图书馆CIP数据核字（2012）第228910号

书　　　　名	媲美明星3 心机美颜术	
著　　　者	小P老师	
责 任 编 辑	刘　焱	
特 约 编 辑	张强强	
装 帧 设 计	门乃婷工作室	
出 版 发 行	凤凰出版传媒股份有限公司	
	江苏人民出版社	
出版社地址	南京湖南路1号A楼 邮编：210009	
出版社网址	http://www.book-wind.com	
经　　　销	凤凰出版传媒股份有限公司	
印　　　刷	北京画中画印刷有限公司	
开　　　本	889毫米×1194毫米 1 / 24	
印　　　张	7.25	
字　　　数	110千字	
版　　　次	2012年10月第1版 2012年10月第1次印刷	
标 准 书 号	ISBN 978-7-214-08793-5	
定　　　价	39.80元	

（江苏人民出版社图书凡印装错误可向本社调换）

Hello~很高兴新书终于和大家见面了！在等待的过程中，你有没有继续坚持美丽这项终身都需要为之奋斗的"事业"呢？

继媲美明星系列前两本跟大家分享了我在造型及发型方面的建议之后，这本新书，是让你"变得更美"的进阶篇。要知道，有时候将外在美稍微提升一下，就能让你吸引更多的人气，也因此将更多美好的事物吸引到自己的生活中来。

可是，当完美无瑕的婴儿肌随着时间的流逝渐渐变得不那么美好，甚至越来越糟，除了遮挡与掩饰，我们便真的束手无策了吗？

小p老师在这里要告诉你，当然不是！

每个女生的心里都住着一个爱美的天使，每个女生都有爱美的特权。幸运的是，在现代社会，我们可以通过很多的手段使肌肤达到一个理想的状态，除了选择适合自己的彩妆护肤品外，正确的使用手法也可以让保养品发挥更大的功效。如果爱美心切的MM们想要看到立竿见影的效果，那么，不妨尝试一下这几年从明星艺能界到模特圈，甚至是在很多爱美的女性之间，已经不是秘密的高科技美容术。

在《媲美明星3》中，我将以肌肤问诊的方式给大家分析皮肤、脸型、五官上的常见困扰，帮助大家找出不同的解决方案。这其中有比较基础性的常规保养方法，也有可以通过化妆来改善的小"心机"，还有透过医学美容来快速改变的办法，每个人都可以根据自己的诉求和条件来挑选适合的方式。

之所以在常规的护肤、彩妆手段之外也详细地为大家介绍高科技美容的内容，是因为身边有越来越多的朋友开始聊起这方面的话题，但是随之而来的，也有些人在尝试高科技美容（微整形）之后非但没能变得更美却反而出现了种种问题。这本《媲美明星3》的问世，就是给打算尝试医学美容、或是想要了解医学美容奥秘的读者朋友，让大家能够更清楚地了解医学美容，和术前术后需要注意的健康事项，避免因准备不足或了解不够而造成的严重后果。

美丽应该是你、我、以及所有热爱生活的人毕生追求的目标，我在这本书想要提倡的，是把皮肤和外形调整到最好的状况，而不是让大家去复制明星的长相。希望读完这本书的每一位读者，都能够用一个华丽转身的时间，拥有属于自己的美丽。

目 录
contents

Part **1**

无瑕美肌

■哪个女人不希望自己是被岁月特别眷顾的骄傲天使？可惜，深浅皱纹、暗沉色斑、不均泛红、粗糙毛孔……一个个剑剑锥心的美肌杀手，早已在不经意间找上了门，并像印章一样牢牢地刻在了你的脸上！

难道没有改变的方法吗？当然不！聪明的女人除了会充分利用多效合一的化妆品"伪妆"自己的皮肤微瑕，更会用各种高科技美容术若无其事地"焕然一新"，大声地向岁月说"NO"。

接下来，和小P老师一起走上美貌与智慧同行的无瑕美肌养成之旅吧。

肤色暗沉

❧ 拯救问题肌 ❧

　　自然通透的钻石般裸肌，让人看起来神采奕奕、美丽加分；反之，黯然无光的疲惫肌肤，就很容易被人误认为是"黑面神"降世。而当你惊觉皮肤已大不如前时，岁月已悄无声息地将无情吻痕刻画在你的脸上。

　　日常生活中，氧化如影随形、无处不在，娇嫩的肌肤自然也难逃其影响。我们的肌肤80%以上由蛋白质构成，随着日复一日的紫外线侵害，及年龄增长所带来的自由基伤害，使构成肌肤蛋白质的日趋氧化，变得浑浊不均，反映在肌肤表面上，就是那挥之不去的"暗沉黄气"，让你在不明所以的情况下，惊变"黄脸婆"。

难以抵抗的岁月"暗肤刀"

　　肌肤暗沉的主要原因是肌肤缺水和肌肤老化，而肌肤老化又包括四大成因：年龄老化、光老化、氧化和糖化。

　　◎**龄老化**：龄老化就是随年龄增长所造成不可避免的自然老化现象。

　　◎**光老化**：有时候我们会发现自己身上的皮肤摸起来还算光滑细嫩，但看起来粗糙松弛，局部还会看到色素沉着和粗大的毛孔，这就说明眼下出现的这些看似皮肤老化的现象，并不是真正意义上的年龄老化，而是因长期受到紫外线的侵蚀，使皮肤提前进入老化状态，这就是俗称中的肌肤"光老化"。

◎**氧化**：氧化是肌肤衰老的另一巨大威胁。日常生活中，有太多会加速肌肤细胞氧化的无形杀手。不规律的饮食作息、工作生活压力、环境污染等内外施压，都会让肌肤中的自由基泛滥，从而产生面色暗沉、缺水干涩等肌肤氧化现象。因此，在选择日常保养品时，兼具抗氧化及高效保湿力的多效合一抗老产品，无疑是最高效便捷的美肌好帮手；在眼周等容易出现第一道老化痕迹的脆弱区域进行重点密集保养，也是抵抗肌肤增龄的智慧对策。

◎**糖化**：糖分是人体必需的核心营养成分，而糖化作用是一种使胶原纤维组织变得僵硬的自然生物过程。当糖分子附着在胶原纤维上，就会导致胶原纤维的糖化，而糖化的胶原纤维越来越难以摆脱糖分子，就会变得僵硬，失去弹性，逐渐失去它们原有的柔韧度，这会使肌肤失去透明感而愈加暗黄。一些主打抗糖化功效的抗老保养品就是针对解决肌肤胶原蛋白糖化断裂所导致的脸色发黄状况。

警惕！亮白肌肤"隐形杀手"

除了年龄增长和新陈代谢导致的肌肤老化，日常生活中还有许多导致我们的肌肤不再白皙清透的"隐形杀手"，下面我们来一一揭开它们的真实面目：

电脑辐射：似乎身为一名E时代的"新新人类"，每天不对足电脑8小时，都愧对"IT girl / boy"的称号。殊不知，可怕的"电脑脸"将是伴随其套上的丑陋标签，电脑辐射会导致肌肤干燥缺水，电脑屏幕所产生的静电也会产生许多肉眼看不到的细小灰尘。

数码产品电磁辐射：现代社会对3C电子产品的使用已无处不在，但你有没有想过，当你拿着便利时尚的电子产品到处显摆时，其产生的电磁波已经在无形中对你的身体产生或多或少的危害，不仅是对皮肤的损害，过量的电磁波甚至会损伤大脑中枢神经，造成头痛、记忆力不佳，严重时还会引起细胞癌变。

空气污染：近些年，城市污染日趋加剧，从前我们都说"出去呼吸一下新鲜空气"，现在想要做这件免费又健康的事已经没那么容易，我们的皮肤终日处在这样污浊的空气中，又怎堪重负？油光、暗沉、痘痘、粗糙、泛红都将随之而来。

睡眠不足：良好的作息和饮食习惯都能帮助身体排毒调养，每天保证睡足8小时美容觉，更是身体各个器官正常健康运作的先决条件。试想，当上司催促你明天必须交出方案，你不得不通宵达旦、熬夜赶工，一整天积累的毒素无法排出，进而引起肌肤暗沉无光、缺水失弹的早衰迹象，恶果不仅是第二天上班时顶着那张蜡黄干瘪的"苦瓜脸"，严重的甚至还会引发慢性疾病。

日晒过度：夏日阳光海滩上的比基尼辣妹在别人眼中绝对是美丽又性感，可享受完一场令人艳羡的日光浴后，付出的代价就是火辣阳光留下的深情吻痕，肌肤变得暗沉不均，这些日晒痕迹若不及时修复，甚至会演变为顽固色斑哦。

心机"伪妆术"

看，日常生活中潜伏着这么多促使肌肤变得暗沉失色的隐形杀手，真是需要步步在意，处处小心！精明睿智的美妆达人当然不会被肌肤暗沉带来的困扰绊住漂亮的脚步，我们可以妙用"光感调色法"和"调色修饰法"以修饰出完美底肌。

光感修饰法

明亮的色泽会让肤色看起来整体色度变浅，可以利用光线反射原理让肌肤从整体视觉上看来更有通透光泽。用内含珠光微粒的珠光饰底乳先为肌肤打造一层柔和自然的光润底色，使皮肤质感更加水润光滑，让后续上粉过程更轻松，增强完美持妆效果。眼下，市面上流行的润色防晒隔离霜／乳，绝对是美妆潮人们人手一支的饰底法宝。

调色修饰法

　　东方女孩的脸色比较容易有偏暗、发黄问题，可利用颜色平衡原理，混搭造就最适合修饰自身肌色的润色粉霜。如果是需要提亮冷色调肤色，就在粉底中加入1~2滴白色饰底乳，上妆后肤色会看起来更自然白皙；若本身肤色偏暖色调，就可选用紫色饰底乳来改善肤色。

Tips

小P老师贴心提示

　　涂抹紫色饰底乳时，万万不可贪心涂满全脸，很容易上色后惊变"大饼脸"，因为紫色本身会带来视觉膨胀的效果。可用双手掌心相对面向脸部，两手间形成"括号"状（手指尖在发际线位置，手腕在下巴处），在两手中间围起来的椭圆形区域部分均匀地抹上紫色饰底乳，完全推开延展后，整体肤色就会变得干净透明，且轮廓也变得立体。

① 先用最浅的粉底液刷在鼻梁至下巴的位置，画出"1"；

② 选用中间色号的粉底液从眉骨的地方到颧骨及法令纹处。画出"2"；

③ 用最深的粉底液从太阳穴的地方到鬓角及咀嚼肌的位置，画出"3"；

4 再用粉底刷将前面三个步骤中的三个颜色均匀地融合在一起；

5 选用自然色号的定妆粉做最后的定妆。

妆后

▲ "123" 修容法修饰出立体无瑕美肌

肌肤急救居家利器——面膜

肌肤一旦出现严重的泛黄暗沉问题，兼具密集补水及亮白滋养效果的润肌面膜，无疑是此时肌肤急救的最佳秘器！

敷面膜前，首先做好彻底卸妆清洁，配合一周1次温和去角质。

面膜能让肌肤喝饱水的原因在于它能紧密覆盖脸部肌肤，通过面膜与皮肤间的封闭作用，暂时隔离开外界空气污染，让肌肤表面温度提升，肌肤毛孔会随升温扩张，促进汗腺分泌及细胞代谢更新，使肌肤含氧量急速提升，面膜中的有效成分深入渗透肌肤角质层，从而恢复肤质弹性光泽。

有人说面膜就是具有"瞬间效果"，与其强调面膜的保养效果，倒不如说它可以通过与外界隔离的方式，达到瞬间美丽的功效，因此密封效果便显得格外重要。而且在这个时间段内，肌肤与身体都获得了彻底的休息，就像短暂的睡眠一样，这就是面膜的附加价值。目前，风靡美妆界的面膜，要属备受港台与内地美妆教主推崇的生物纤维材面膜，拥有极细小的20奈米生物纤维，密封效果最好，具有"类离子导入"效果，可使营养物质深入皮肤深处，精华液导入效果为一般面膜的30倍以上。

For Beloved One宠爱之名亮白净化生物纤维面膜

这款号称是美容大王每天必敷的生物纤维面膜，除了独含双重净白配方及保湿焕肤成分以外，其胜出于传统弹力织布面膜的赢战点还在于：其质地纤维直径为一般面膜纤维的1/133，敷上它后，仅能让气体通过，可最大限度避免有效精华液蒸发，给予皮肤媲美"类离子导入"术后的滋润赋弹效果。

用法相当简单，只需早晚彻底清洁皮肤后，撕开面膜包装，小心取出藏在三层面膜中间的弹性透明生物纤维膜，将面膜潮湿的一面（与半透明纸膜贴合的一面）紧贴轮廓完全贴合于脸部，静待15～20分钟后撕下，如果是睡前敷，大可免洗直接去睡"美容觉"，次晨醒来，皮肤水嫩Q滑；也可用于干性皮肤上妆前的SOS补水工序，修复效果立竿见影！建议最好是在脸部保持微润湿的状态下敷上，这样能让肌肤最大吸收其水分及营养，敷后免洗，可直接进行后续保养或上妆。

巧用中医，养出肌肤透白光泽

当然，若想赶走肌肤暗沉内在保养也至关重要，因为如果不从身体内部进行调理，很难完成由内而外至臻焕白的美肌使命，只有内外兼备才能事半功倍。

传统中医理论认为，人的肤色是由内在的脏腑调养的，最容易影响肤色的当属肝、脾、肾三脏。《黄帝内经》的"脏象学说"中，关于美颜的问题就提到要"养于内、美于外"的观点；意思是，若脏腑功能失调，气血不顺、精气不足、阴阳失调，肤色就容易暗沉，产生色斑及皮肤浮肿松弛。

中医认为肝主疏通及宣泄，若人经常处于压力、紧张及情绪不佳的状态下，肝气就会郁结，从而引发肤色暗沉发黄。脾脏也是影响肤色的重要原因，如果饮食失调及心神不宁，会影响消化功能，随之产生脾虚现象。操劳过度则会造成虚火上升，也会使皮肤变得粗糙晦暗。而肺主皮毛，由于"肺为气之主，肾为气之根"，肾虚或肾水不足则会影响肺脏功能，肤色也会变差。

Tips

小P老师贴心提示

根据以上的中医理论，我们可通过膳食疗法为肌肤进行修复补给。MM们不妨多食用些补气血和富含胶原蛋白的食物，如桑葚、水蜜桃、蜂蜜、芝麻、核桃、西洋参、红枣等，都有助于补肾益气，让全身气血更调和畅融。皮肤微循环自然无阻，肤色也会变得健康红润。

我们还可在办公室种植小绿植以净化空气，帮助皮肤和肺部代谢排毒。薄荷、长春藤、仙人掌都是帮助肌肤抗辐射及抗压的首选绿植。

Lancaster兰嘉丝汀理肤舒氧保湿按摩面膜

这款面膜具有三重护理功效，添加银杏萃取精华，结合专利"氧气采集系统"及神奇"激活微循环配方"，为肌肤增进"排毒微循环—补氧—锁水保湿"三大美肌进程，迅速赶走肌肤疲劳痕迹，唤醒沉睡肌底能量。可在白天上妆前紧急补水用，只需取两颗珍珠大小的用量涂抹吸收，淡淡薄荷味的水蓝色啫喱，延展即渗透肤质，"吃"进去的皮肤Q弹有光泽。同样适用于快速修复水润肌肤，最大程度完善后续上妆效果。还可在睡前直接抹上厚厚一层免洗入睡，清晨醒来，肌肤依然光鲜清透。

无痕美颜术

很多MM都梦想拥有明星和模特那样的晶莹美白肌，除了常规的保养、彩妆手段之外，明星模特们还有一招不会轻易告诉我们的美颜秘籍——高科技美容。

想要对付肤色发黄暗沉，现在市面上比较流行的高科技美容术主要有"肌肤注氧"、I2PL激光疗法和光子嫩肤，下面我就这几个项目给大家详细地介绍一下。

▶ 肌肤注氧

目前，市面上也推出了一些主打"肌肤注氧"的高端医学美容项目。注氧机可直接吸收自然空气，净化后，再经过机器产生高活性氧分子，通过专用美容面罩导入脸部肌肤。这种疗程方式，感觉就像为肌肤快速补水，让皮肤吐故纳新般舒展，使肤色恢复白净红润。

还有一些专业美容院推出了氧气太空舱，原理就是结合高温与氧气，将舱内的氧气急速凝结，变为细微雾气，美容的同时还可达到纤体瘦身的效果。

▶ I2PL激光疗法

I2PL激光疗法是利用单一波长的激光进行治疗，针对一些特殊问题肌肤的治愈效果极佳。与已有的激光疗法不同，I2PL激光是利用各种波长的激光，将复合形波长射到皮肤上，最大程度减少对皮肤伤害。

以3~4周为间隔，反复接受4~5次治疗后，脸部肤色的不匀暗沉、血管扩张、顽固雀斑及黑痣等色素沉积问题都能得到明显改善，同时毛孔和细纹也会缩小淡化，皮肤弹力增强，综合解决各种肌肤老化问题。

▲I2PL治疗仪

优　点	无创伤口，无疼痛，术后伤口无须特殊照顾。可同时治疗多种皮肤疾病及皮肤老化症状，令肌肤迅速增强胶原蛋白活力，提高年轻强韧度。
术前注意事项	含痤疮（青春痘）治疗剂、美白剂及含维生素A成分的化妆品，需在接受手术前一天中断使用。
术后注意事项	术后，部分皮肤区域可能会出现水疱或结痂。结痂恢复阶段，建议选用温和舒敏类洁面乳/霜做轻度洁面，避免过度摩擦及揉搓动作；以不上妆为佳。

▶ 光子嫩肤

曾经有很迫切想解决肤色暗沉问题的MM找到我，希望我能提供一个立竿见影的方法。我就这个问题专门咨询过医生，空军总医院激光整形美容中心的大夫建议那些急切想改变肌肤暗沉问题的MM可以尝试非剥落方式的专业医学美容项目——光子嫩肤。

光子嫩肤是运用宽光谱（560～1200纳米）的强脉冲光技术，使用特定波长的脉冲强光能量穿过皮肤表皮，选择性地作用于皮下色素或血管，使其充分分解吸收。同时还可最大限度地促进肌肤胶原组织更新增厚，一般5次为一个完整疗程，可达到美白嫩肤目的。

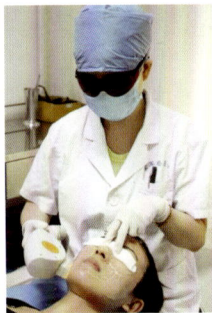

▲光子嫩肤
（图片提供：空军总医院激光整形美容中心）

　　和以前的化学剥脱嫩肤术等相比，可将手术对皮肤的损伤程度降至最低，最大缩短术后愈合期，不会造成任何不良反应及并发症，更安全可靠。

　　治疗时，光子嫩肤仪的治疗头导光晶体会轻轻接触待治疗皮肤，并开始释放强脉冲光，痛感轻微，类似于用橡皮筋轻弹皮肤。治疗后轻柔清洁皮肤即可，如有轻微发红现象，可冷敷治疗区约15分钟，直至灼热感完全减退。

微整形时长	约10分钟。
恢复时间	无须恢复期。
正常术后症状	术后24～72小时内可能会有不同程度的红肿、疼痛及组织液渗出。
不适合人群	孕妇；患光敏性皮肤病及长期使用光敏性药物者；癫痫患者、糖尿病患者、严重心脏病患者、高血压患者、有出血倾向患者；瘢痕体质及治疗部位皮肤有感染患者；怀疑有皮肤癌患者。
术前注意事项	1.治疗前一个月内避免日晒或做室外SPA； 2.治疗前一周避免进行激光、磨皮、果酸焕肤等医学美容项目； 3.保证皮肤不出现发炎及伤口化脓受损状况； 4.服用口服A酸者，建议停药3个月后再开始疗程手术； 5.若长期使用外用A酸药膏及剥脱式祛斑产品，建议停药1周后，再开始手术疗程。
术后注意事项	1.治疗后皮肤会出现少许微红及轻度灼热，冷敷数小时后会渐渐消退；若仍感觉不适，应即时向专业医师咨询； 2.部分患者接受完术后，皮肤会有轻微结痂状况，一般在1周内结痂会自动脱落，千万不要用力触及伤口，以免造成肌肤二度损伤； 3.治疗后1周内避免使用含刺激成分（如果酸、A酸、高浓度维生素C、水杨酸、酒精等）的保养品； 4.加强皮肤保湿及防晒，建议每天使用SPF30～50的防晒隔离产品，同时认真做足防晒措施，例如外出撑伞等，避免皮肤直接接触紫外线等。

❧ 无痕美颜术 ❧

如果你的痘痘问题真的很严重，常规的护肤、彩妆方法都对它们无能为力，甚至给你的生活带来了困扰。那么，小P老师建议你不妨采用现在至IN的医学美容疗程来个"战痘"终极战，一战省心，一战解千愁。

▶ E光祛痘&红蓝光祛痘

我们一般所接触到的祛痘产品和方法都是涂抹具有水杨酸成分的产品；水杨酸作用于痘痘部位，可缓解皮肤发炎症状，但想要对付那些严重的痘痘，效果就不太明显，而且这些产品的时效性较短。

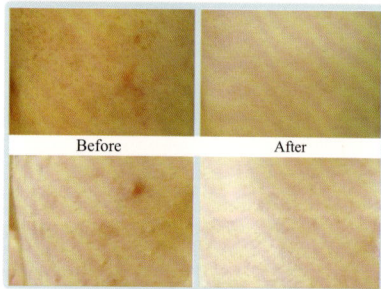

▲ E光祛痘前后对比图
（图片提供：韩国HERISHE整形外科医院）

E光痤疮治疗仪作用原理是：应用其独一无二的联合光能和高频电磁波的优势互补光热治疗技术，发射出高能量特定谱段透过皮肤，将由痤疮丙酸杆菌产生的卟啉转化为消灭细菌功能的化合物，从而达到治疗目的。

OMNILUX MEPICAL红蓝光设备的红蓝光治疗法也可修复痘痘肌，这种治疗仪采用高纯度、高功率的红光、蓝光对皮肤进行照射，能改变细胞结构，杀死细菌，为新生细胞提供舒适环境，增强新胶原质弹性蛋白和胶原蛋白生成，促进健康细胞生长。从而帮助修复炎性痤疮肌肤，缓解日晒灼伤肤质，且不伤害皮肤本身，更能均匀美白肤色，促进皮肤恢复弹性。

最后，小P老师为大家介绍两个适合治疗后皮肤恢复健康光泽的护理产品：

Clarins娇韵诗清透美白精华乳

针对亚洲女性度身设计的高效美白明星产品。萃取天山雨衣草及多种复合植物美白精华成分，深入润透，有效抑制黑色素形成及沉淀，淡化色斑；舒适柔润质地，渗透力极佳，延展推开即平滑沁润肌肤，肤质纹理明显变澄净细腻，肌质透白无瑕。

Bobbi Brown波比布朗舒缓保湿化妆水

无酒精舒敏配方，含镇定效果的小黄瓜萃取成分和甘菊精华，重重紧锁水分，赋予肌肤持久光泽水嫩质感；每次使用，只需轻拍吸收，肌肤即时感受舒缓镇静效果，肤质清新透光，疲惫凝滞肌肤最大程度得以修复，肤质强韧度提升。

深浅痘痘

拯救问题肌

　　早晨化好的妆，不到中午就油光满面了；脸上隔三差五地冒痘，额头上的还没下去，下巴上的又出来了……这些说大不大说小不小又经常影响心情的皮肤问题让人忍不住哀叹：青春期不是早就过了吗？为什么这青春痘还整天缠着我，"痘"魂不散？！

　　痘痘，就是医学上所说的"痤疮"，是由于毛囊及皮脂腺阻塞，毛囊内油脂无法排除，越积越多形成的。我们经常说"青春美丽痘"，就是因为青春期正是油脂分泌的旺盛阶段，所以特别容易产生痘痘。

　　而现在上班族大都整天在封闭干燥的空调环境中工作，长期空气不流通，再加上电脑、打印机、手机等电子设备的辐射，很容易让皮肤失去健康的"生存环境"，"痘花妹"自然就成群结队地出现了，这就是我们俗称的"成人痘"。

　　成人痘通常发生在25～35岁的成年人身上，一般都出现在下巴、额头等部位，而且会以大颗惊人的红肿姿态现身，不容易被挤出，还会重复爆发在同一部位，令人烦不胜烦。

　　接下来，和小P老师一起，开始抗痘大战！

"成人痘"的前世今生

　　水油不平衡：从皮肤状况来说，可能是油脂分泌旺盛，也可能是严重缺水、水油失衡造成的。尤其在秋冬季节，皮肤容易缺水，如果补水不足，皮肤得不到应有的滋润，只能靠分泌油脂"补充"滋润度。而油脂分泌过剩，必然会产生堵塞毛囊和皮脂腺，形成痘痘。

黄体素分泌过多：如果平时生活中压力过大，情绪起伏剧烈，过度疲劳，睡眠不足，消化不良，便秘，体内黄体素分泌过多，也容易引起痘痘。

"更年期痘"：进入更年期时，体内荷尔蒙失调，肾上腺素分泌旺盛，容易形成"更年期痘"。

Tips

小P老师贴心提示

很多人都简单地认为长痘就是皮肤问题，其实引发长痘的很大一部分原因在于身体内部失衡——压力大、作息不规律，这些会导致身体内分泌失调，引起痘痘疯长。

长痘痘的MM要注意作息和饮食，不要熬夜，保证良好睡眠质量；清淡饮食，忌吃辛辣刺激食物。另外，要注意晨便及运动排毒，每天早上起来空腹喝一大杯白开水或者蜂蜜水，都是很好的轻松排毒美肌方案。

美肌抗痘大会战

抗痘第一役——彻底清洁

要想有效抗痘，首先应定期进行温和去角质。角质过厚是引起"成人痘"产生的元凶之一，必须定期为皮肤彻底清洁，同时注意有效保湿，让被阻塞的毛孔疏通变柔软，一周一次的温和去角质十分必要。在去角质时，最好选择主打植物系成分的抗敏药妆产品，最大程度地减小清洁中对肌肤的损伤，疏通堵塞毛孔，洗后也不会让皮肤紧绷。

用纸巾，不用毛巾

其实，每次我们洁面后擦干脸的毛巾也是大有玄机的：如果毛巾质地比较粗糙，在细嫩皮肤上多次揉搓，很容易刺激、伤害皮肤，甚者还会因过度拉扯而使肌肤起皱；而且，如果毛巾清洁不当，还会暗藏细菌，加大肌肤潜藏污垢的可能性。

所以，擦脸不是越用力越好，时间越长越干净，你要做的仅仅是用毛巾或面巾纸把脸上的水轻拭按干，尽量减少对皮肤的拉扯。尤其在脸上长痘期间，必须用面巾纸代替毛巾擦拭，并以按压方式吸干水分，这样才不会造成皮肤再度损伤和细菌感染。

选对隔离防晒品

在痘痘爆发期，隔离防晒也必须提上日程！因紫外线照射会导致肌肤表皮增厚，加重毛囊角化，令原本已长出的痘痘恶化，所以，痘痘肌要避免强烈日晒。防晒品要选择渗透力较强的水剂型、无油配方防晒乳/霜。防水型防晒乳/霜要慎用，因为它们属于油溶性防晒产品，防晒效果虽然更强，但同时会加重肌肤的黏腻负担。

离香料彩妆远点，再远点

爱美的"痘花妹"若想上妆，应尽量避免使用含香料的彩妆产品，尤其是粉底类产品，谨防香料诱发接触性皮炎。

祛痘面膜不是越多越好

祛痘时，敷面膜也不能贪心贪量，对于祛痘面膜的使用，2~3天敷1次即可，过分频繁使用，反而会导致反效果，让原本已经受损的肌肤负担加重。

学会用"暗疮针"

挤痘也是门学问，不能随便就用手强加挤弄，即使表面看起来洗得干净的小手，也一定潜藏了成万上亿的小细菌，很易乘机渗入挤痘后所形成的创伤面中，造成二次感染，皮肤会红肿发炎。

你要学会用挤痘的专业工具——暗疮针，又可称"青春棒"。用它挤痘时，所接触到的皮肤范围较小，基本不会影响或伤害痘痘旁边的正常健康皮肤，但在使用前后，要通过专业的清洁护理，融化皮肤角质层中的死皮，让其顺利排出毛孔。

心机"伪妆术"

"痘花妹"必须具备坚持的"战痘"精神，千万别为脸上的痘痘而自卑伤感。只要略施小计，巧妙运用伪妆修饰，即可重塑无瑕美肌！

不过，你必须先了解痘痘的类型，要知道，对于炎症痘痘、凸起痘痘及顽固痘印，可是有不一样的心机对策哦。

针对发炎和凸起的痘痘——隔离防护遮瑕膏

在长痘期间，多数人会选择不上妆。但我要告诉大家，其实脸上有正处于严重发炎期的痘痘，如果再接触污浊空气、汽车尾气等城市污染侵害，很可能使其发炎状况加重；若在为痘痘肌上妆前，做好充分隔离防护，反而比让其直接暴露于空气及阳光下，更为安全放心，为你的受损肌穿上一层隔离防护衣。

让"痘花妹"嗜恋成魔的，莫过于市面上主打抗痘消炎的专业遮瑕产品。这种针对痘痘定制的遮瑕膏，大都具有消炎镇定成分，在修饰遮盖的同时，还能帮助痘痘温和消炎，一举两得。

1 选用绿色饰底乳少量修饰在局部肌肤泛红部位，再以手指轻拍渗透；

2 用遮瑕刷蘸取固体遮瑕产品重复遮盖于痘痘上；

③ 用棉花棒轻轻将痘痘周围的遮瑕膏延展均匀推开；

④ 用海绵轻压遮瑕处，让底妆更加融合。

妆后

▲选对遮瑕膏，保护痘痘肌

针对顽固痘印——巧用颜色平衡法

　　痘印是脸上沉淀的暗沉色素，若要完美遮盖，必须聪明利用颜色平衡方法。若想用遮瑕膏以厚厚的叠加方式遮盖，恐怕会越"盖"越明显。

① 先用橘色遮瑕膏平衡咖啡色痘印，在痘印处轻轻点上晕开；

② 再用手指指腹温度轻推开，使遮瑕乳与肤质完全融合紧贴；

③ 颜色较浅的痘印，用橘色遮瑕乳就可完整遮盖；若颜色较深，痘印未能全部PS掉，还可用薄薄的遮瑕膏做二次遮盖；

④ 最后用蜜粉轻轻拍打定妆。

妆后

▲ 巧用颜色平衡法遮盖顽固痘印

Talika塔莉卡光魅痤疮调控器

　　Talika塔莉卡光魅痤疮调控器是针对易产生痤疮的油脂分泌旺盛、皮脂分泌过量造成毛孔堵塞的"油田肌"研发的。它可以发出两种不同波段的光波——660纳米红光和470纳米蓝光。每次使用前，先彻底清洁皮肤，将光魅痤疮调控器放在掌心，旋转滑动片，露出二极管；把调控器放在距离需要护理皮肤区域约3cm处，按下启动按钮；静待3分钟，调控器就会自动关闭。需要改善的皮肤部位，建议每天早晚各护理一次，对痘痘肌的SOS效果最佳。坚持使用约1个月，痤疮产生的肌肤炎症就会逐渐消除。

　　Tips：刚照射完时，可能部分皮肤区域会因光线及发热作用稍稍泛红，不用紧张，这属于正常的皮肤反应。5分钟后，这种不适感会逐渐消失。

治疗时通过红光和蓝光两个治疗仪的有机结合，在不产生高热、不灼伤皮肤的基础上，杜绝治疗风险，完成抗痘修复目的。

微整形时长	约60分钟。
所需费用	RMB500元/次。
恢复时间	整个脸部治疗可一次性完成，不需住院愈合。
可能出现症状	一般不会出现任何不良反应。因光源输出强度稳定，治疗剂量准确。整个治疗过程，光源不发热、不含紫外线且术后肌肤不会产生色素沉着。同时，还可增强肌肤胶原细胞活性，抚平细小皱纹。
不适合人群	有各种炎症性皮肤病、高血压、心脏病等慢性系统性疾病史以及凝血功能障碍、癫痫、瘢痕体质等疾病患者。
术前注意事项	治疗区皮肤尽量不要涂抹粉底类彩妆产品，治疗前应彻底清洁待治疗区域。
术后注意事项	注意做好防晒功课，如术后出现不良状况，可遵医嘱同时配合外用及内调药。

▶ 樱花雷射

接下来为大家介绍时下最风靡的新一代脉冲染料——樱花雷射，这可是眼下许多艺人和名模的美肌私藏术哦。

樱花雷射的原理是：运用595nm波长的光热效应，安全且温和地破坏肌肤表层浅色斑及血管，并彻底为受损肌杀菌，对改善痘痘、微血管扩张及红色瘢痕有立竿见影的效果。此外，樱花雷射能把雷射光转化为热能后进入皮肤，破坏肌肤胶原蛋白，刺激其再生，使患者术后肤质重获光滑弹润质感。

优点	无须麻醉，安全温和，无伤口，轻微疼痛，不会淤青，不需恢复期。
术后注意事项	治疗后皮肤会比较干燥，需要加强保湿与防晒。

凹洞型痘疤

拯救问题肌

相信痘坑是很多人心中永远的痛，虽然痘痘经过长期艰巨的"去痘计划"暂且痊愈，或通过苦苦等待痘痘自行消退，但由于治疗时间太晚错过了最佳治愈时机，也可能由于之前痘痘长势实在严重，虽然好容易把痘痘送走，却留下一堆更为顽固、深浅不一的斑驳痕迹，背上"花脸猫"的名号。

由于青春痘的种类各式各样，所以痘坑的形式也有好多种，而青春痘发作时的发炎反应越严重，皮肤组织也破坏得越厉害。发炎部位越深，皮肤组织也就被破坏得越深，留下的痘坑就越严重。

认清痘坑各种"面目"

痘坑瘢痕一般分为四种：红色斑痕、发炎后色素沉积、凹洞、蟹足肿；其中前两者为假疤，后两者则是真疤。下面就给大家分别说说这几种不同的瘢痕情况：

红色斑痕：一旦痘痘发炎后，血管会扩张，但痘痘消去后，血管并不会马上收缩，这样就形成暂时性红斑。不过不必太担心，通常这样的红斑存活时间顶多半年，只要耐心等待，最终会自动消失无影。

发炎后色素沉积：红色痘痘发炎后，会留下黑黑脏脏的色素沉积，但随着时间的推移，这些颜色也会慢慢自行消失。

　　凹洞：当痘痘发炎严重及真皮层胶原蛋白受损太多时，就有可能因真皮层塌陷而留下凹洞。而凹洞一旦生成就基本不会自动消失，若单凭现有的修复类保养品施效加以修复，恐怕不太得力；激光磨皮等专业医学美容手术，方是万全之计。

　　蟹足肿：一些体质特殊的痘痘族，由于真皮层纤维母细胞过于活跃，导致真皮层发炎受伤后除了会让原本突兀的痘痘呈现凹陷状，凸起来的部位甚至会变成肥厚的蟹足肿。这些可怕的痘痕依靠注射、手术、冷冻等治疗方法才能痊愈消失。

心机"伪妆术"

　　遮盖痘坑其实与填平洼地的原理一样，可选用啫喱质地的遮瑕产品填平一个个小坑。另外具有光泽感的彩妆品也可利用光线反射效果，在视觉上达到对凹陷痘坑的平整修饰。

③ 用粉扑蘸取蜜粉轻拍全脸。

① 用指腹蘸取修饰痘坑的产品轻轻遮盖痘坑处；

② 用手指顺着毛孔方向由上往下按压，将粉底遮盖在痘坑较大处；

妆后

▲ 恼人痘坑瞬间隐形

✦ 无痕美颜术 ✦

痘痘留下的假疤我们不怕，只要静待时间修复就好。但像凹洞和蟹足肿这样的真疤，护肤品和彩妆术好像还真没有什么彻底有效的办法令它们消失。明星和专业人士都是怎么解决这类问题的？通过医学美容微整形——

▶ 飞梭镭射

飞梭镭射也叫像束激光，可以通过聚焦微型激光技术来填平皮肤凹坑，产生49个或81个均匀排列的微激光光柱，这些光柱可在不损伤正常皮肤的情况下直接作用于皮肤真皮层。这些微小的加热区就像是在皮肤上打了许多个微细小洞，而在小洞之侧是正常的皮肤组织，加上微小加热区的角质层也是完整的，其散发的热量可刺激皮下胶原蛋白增生，同时让原本断裂的胶原蛋白和弹力纤维重新链接整合。

小P老师提醒你：进行这种手术时，皮肤会有轻微刺痛感，对疼痛敏感的MM可让医生在皮肤表面涂抹麻药，以减少疼痛感。

微整形时长	20~30分钟。
恢复时间	7天。
恢复时间	整个脸部治疗可一次性完成，不需住院愈合。
可能出现症状	会出现少许发红、微肿状况。
不适合人群	皮肤有炎症或药物引起的过度色素沉着者、黑斑者；瘢痕体质者、皮肤急性疾病或者正服用光敏感性药物者；发育异常的黑痣，恶性小痣等；免疫缺陷者、心理障碍者及孕妇。
术前注意事项	1.术前1个月内避免日晒或做室外SPA。 2.治疗前1周避免进行激光、磨皮、果酸焕肤等医学美容项目。 3.发炎、伤口化脓等皮肤不适症者慎做手术。 4.长期服用口服A酸者，建议停药3个月后再进行手术疗程。 5.使用外用A酸药膏或祛斑产品者，建议停药1周后再进行手术疗程。
术后注意事项	1.术后避免使用劣质化妆品和具焕肤、脱皮、激素类成分的保养品。 2.术后6个月内避免进行去角质保养；白天应配合使用抗敏防晒乳/霜，避免皮肤直接接触阳光。

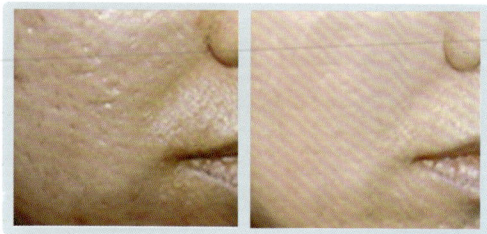

Before　　　　After

▲ 去除痘坑前后对比图
（图片提供：韩国HER!SHE整形外科医院）

▶ 脉冲光

脉冲光也是治疗痘坑的好方法，它可以刺激皮肤纤维母细胞增生，收缩微血管，使其真皮层增厚，抚平凹洞，改善毛孔粗大，有显著的淡疤效果。同时，脉冲光可以刺激胶原蛋白增生，对快速修正红色痘印及新生浅层凹洞都有一定的即效性。

脉冲光拥有宽光谱（1200～5600nm）的彩色光束，特定波长的脉冲强光直接照射到皮肤表面，在不损伤皮肤的前提下，深入皮下结缔组织及微血管，改善表皮及真皮肌肤问题，活化皮肤纤维细胞，重建皮肤纹理。脉冲光主要是通过激光直接照射皮肤，痘印皮肤色素细胞在吸收强光后，使其色素分解，再由体内吞噬细胞吞噬代谢，这样痘印就能很快消退。脉冲光在解决青春痘留下的瘢痕时，还可促使老废角质脱落，帮助肤质更新，改善长痘后的色素沉着，均匀提亮整体肤色，促进健康肌质新生。

小P老师提醒你：脉冲光治疗性质温和，术中会有轻微灼热感，术后皮肤表面不会留下创伤伤口，所以无须愈合期，术后可直接上妆，只需做好防晒隔离措施，尽量避免产生晒痕及色素沉着。

微整形时长	约20分钟。
术后注意事项	术后3天内可能有轻微疼痛感；伤口结痂期间，清洁时须尤其注意，以免细菌感染。

顽固痘坑的歼敌利器——Talika塔莉卡光魅二合一

肌肤衰老最明显的迹象是毛孔粗大、细纹出现、肤色暗沉且有斑斑点点。为解决这些衰老难题，特殊护理专家Talika实验室推出居家光线抗老新品——双向LIGHT590胶原助推器和LIGHT525肌肤亮采器，一机双面，将光魅590胶原蛋白增进器和光魅525肌肤亮采器的功能合二为一。一侧是有抗皱和增加胶原蛋白的LIGHT 590（590纳米）黄色光波，另一侧是控制黑色素产生的LIGHT 525（525纳米）绿色光波。

使用时，只需将两面交替使用，每天坚持使用2分钟，30天后，即可发现皮肤上的细纹变得平滑，色斑变淡减少，肤色更光彩亮白，肌龄减小。

Tips：黄光照射的一面可针对照射眼周、毛孔粗大痘坑部位、手部和头颈部位，对回复光泽及肌理细腻度效果显著；另一面的绿色光波则可以修复痘印及肤色暗沉，可利用这一侧的绿光作用于肤色不均区域，减缓并规律黑色素分泌，分解色素沉淀，重拾"蛋壳肌"。

粗大毛孔

❧ 拯救问题肌 ❧

随着日本甄选35岁以上、从外表完全无法辨别年龄的超童颜熟女"美魔女"关注度升温，轻龄抗老的话题也被炒得沸沸扬扬。谁说只有脸上出现的一道道深陷细纹才是出卖你真实年龄的元凶？那一个个浮出水面的粗大毛孔，也会毫不留情公布你"肌龄＞年龄"的可怕秘密。所以，打赢"毛孔战"绝对是抗老计划的决胜第一步！

缉拿粗大毛孔"元凶"

几乎每个人的皮肤都有毛孔粗大的问题。皮肤老旧角质积聚增多，会使肌肤变厚、变粗糙，毛孔也随之变粗大。肌肤会因无法顺利吸收水分及养分，变得干燥暗沉，这样更会加速刺激油脂分泌，毛孔会再度变大。干性肌其实也会有毛孔粗大问题，肌肤表面水分缺乏会导致肌肤表皮收缩，使毛孔强制性被放大。

总结起来，毛孔粗大有三大元凶：

油脂——扩张毛孔

如果肌肤油脂分泌过量，又没有彻底除净，油脂和毛孔中的角质融合在一起，就会形成恼人的粉刺。粉刺在毛孔中鸠占鹊巢，久而久之毛孔就会变得更加粗大。

污垢——阻塞毛孔

皮肤的表皮基底层不断地制造细胞，并输送到上层，待细胞老化之后，一般都会自然脱落。但是毛孔阻塞者，皮肤新陈代谢不顺利，无法如期脱落，就会导致毛孔扩大。过度挤压粉刺、黑头，致使表皮破裂，一旦伤害到真皮，使其缺乏再生功能，便难以产生新细胞，也会留下凹凸瘢痕，使毛细孔变得粗大。

衰老——松弛毛孔

随着年龄增长，皮肤松弛老化，血液循环逐渐不畅，皮肤皮下组织脂肪层也因此变得松弛，失去弹性，如果再不加以适当保养护理，老化进程加速，毛孔自然也越来越大。

Tips

小P老师贴心提示

引发毛孔问题的另一幕后推手是尼古丁，当你享受吞云吐雾的飘飘感受时，香烟却让你的血管收缩，血液循环减慢，养分因此无法顺利地送达皮肤细胞，于是干燥、老化就提早报到，脸部线条自然会下垂，撑大毛孔；熬夜、生活不规律、换季等因素，也会使肌肤角质代谢速率不正常，粗厚角质堆积在毛孔周围，让毛孔变粗糙，同时造成阻塞，导致黑头、白头粉刺形成，并且逐渐撑大毛孔内部，这种现象最易出现在额头、鼻翼及两侧脸颊部位。

看形状，识毛孔

对于粗大毛孔，也不可一概而论。有空的时候照照镜子，仔细看看自己脸上的粗大毛孔究竟呈现什么形状。要知道，粗大毛孔的不同形状，分别代表着皮肤出现的不同问题。

水滴形毛孔：如果毛孔出现这种形状，就表示你的肌肤已经迈向衰老。衰老肌肤因营养不足会变得松弛，导致其对毛孔支撑力不够，所以毛孔就会变得歪歪斜斜，那些塌下去的毛孔就会变成水滴形。

椭圆形（米粒形）毛孔：这种毛孔在油性肌肤MM脸上最常见。它们出现的主要原因是水油失衡，水分和营养成分流失，导致表皮肌肤收缩，视觉上使毛孔看起来更粗大。

Tips

小P老师贴心提示

仔细审视自己的皮肤毛孔形状，依照毛孔形状找出歼灭它的最佳方法。如果毛孔呈圆形，需注意控油，重视清洁步骤；如果毛孔呈椭圆形，就要加强保湿护理；若毛孔呈水滴形，就要开始注意抗老保养了。

心机 "伪妆术"

很多毛孔粗大的MM很怕上妆，原本想透过化妆来遮盖毛孔，有时上了底妆，毛孔反而看起来更明显，所以就要用特殊产品加上细致手法来打赢"反孔"战。

① 用指腹蘸取修饰毛孔隐形膏按照由上往下、由内向外的顺序打圈顺着毛孔方向抚平；

② 用遮瑕刷蘸取遮瑕膏，以90度角点在毛孔粗大处；

③ 用轻拍的方式，少量多次地涂抹粉底液，这样会使底妆更均匀贴合；

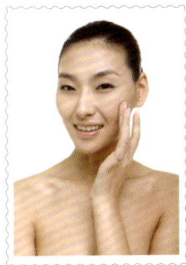

斗 以密度较高的海绵将珠光蜜粉轻压渗透到需修饰毛孔处。

妆后

▲细腻轻柔的手法巧妙遮盖毛孔

选对BB霜，才是伪素颜的心机王道

看到韩国明星自然细腻的脸色，我们马上就会联想到BB霜。BB霜是介于彩妆和护肤品之间的一种护肤产品，作用主要是遮瑕、调整肤色、防晒、细致毛孔，能打造出裸妆效果。无论什么样的皮肤，想要让粗大毛孔隐形，BB霜绝对是第一选择。但是不是只要是支BB霜拿过来就可以用呢？

当然不是！因为BB霜发端于韩国，所以很多MM觉得买韩国货肯定错不了。但实际上因为韩国人的肤色本身比较白，很多肤色不那么白的亚洲人在使用韩系BB霜后，肤色反而会看起来发灰暗沉。一般来说，大陆和台湾推出的润色BB霜，更适合亚洲人偏暖黄的肤色"伪妆"用。

从质地上看，BB霜的高延展性很重要。尤其是BB霜在粉底前使用时，如果延展性不够好，就会导致后续的底妆显得厚重。挑选时，可以先在手背上试用，感受其延展性与透气度，以及肌肤的接受度，确定没有过敏反应与其他不适感后，再掏钱也不迟。

BB霜要如何搭配其他的彩妆品来使用呢？记得要在防晒与隔离霜前使用，之后再接着上粉底产品，这样可以维持妆容的持久度。如果不想要太繁复的程序，也可以涂抹完BB霜后直接出门，但要选择含有防晒系数的产品。如果BB霜没有防晒系数，建议还是要补擦上防晒乳，这样才能真正保护肌肤不受紫外线的侵袭。

For Beloved One宠爱之名亮白净化无瑕裸妆霜

台湾医学美容级品牌BB霜，被封为"台湾之光"。兼具美白、修复、遮瑕三大功效，即使敏感痘痘肌也大可放心用。

最值得称道的是它蕴涵的美白专利LumiskinTM和有效阻挡黑色素的维生素C糖苷成分，润色的同时，还能由内修正亮白肌底及帮助肌肤抗氧化，伪妆、美肌两不误。如果是干性皮肤的MM，建议在涂BB霜前先用保湿化妆水彻底沁润肌底，或花点时间敷一片补水面膜。足够丰莹的水润肌底，能让BB霜更透明无感，最大增强其对肤质与肤色的持久修正效果。

▲亮白净化无瑕裸妆霜
（自然肤色、雪肌色）

小P老师提醒你：每次挤出1颗珍珠大小用量，直接用指腹在脸上点上5点，以指腹余温均匀推开，伪素颜效果一流。乳霜很易延展，即使在嘴角及眼角干纹处也绝不卡粉，渗透吸收后，肤色整体自然均透，光泽度颇高，没有假面具妆感，毛孔及发暗痘印都能隐形。

VELD'S极致丰盈凝胶（塑颜凝胶）PURE PULP

PURE PULP具有肌肤保湿和舒缓功效，非常适合日常使用或是调入粉底中使用。

Clinique倩碧毛孔细致精华露

性质轻盈、不含油脂的精华素，促进肌肤的自我更新，制造更健康的皮肤细胞，令肌肤看起来更紧致柔滑、青春动人。精华素能够温和地清除皮屑及粗糙的死皮细胞，缩小毛孔。

Bioderma贝德玛 PP赋妍去角质凝胶

防菌洁净及保护肌肤的天然皮脂膜，去除多余角质，有效改善湿疹及干燥皮肤的缺水问题。蕴涵Vitamin PP，有效促进"细胞间脂质"的自我制造，提升皮肤自我保湿能力，对抗敏感源。

J MIX P静佳毛孔拜拜凝胶

涂抹时凝胶能轻轻浮在毛孔开口处，顺势填平凹槽，让毛孔瞬间隐形，其清爽的凝胶质地让肌肤轻松呼吸零负担，独特的技术将控油成分与毛孔隐形凝胶干爽结合，使皮肤光滑细腻，妆容薄透自然。

Benefit贝玲妃专业毛孔隐形慕丝遮瑕膏

配方中混合硅及硅酮弹性体，在收紧毛孔之余，还能改善皮肤粗糙问题，使毛孔和细纹迅速隐形，让脸部看上去光洁无瑕，利于上妆，是一款具有很强遮瑕力的毛孔隐形膏。

☙ 无痕美颜术 ☙

要如何做，才能彻底甩掉毛孔粗大的噩梦呢？除了在日常生活中注意注意再注意、上心上心再上心之外，医学美容也是一个一劳永逸的办法。

目前韩国最流行的几种改善毛孔问题的医学美容方法分别是：INFINI激光——能有效地治疗毛孔、痘痘、痘痕，再生后让皮肤充满弹性，提升紧致，让肌肤像陶瓷般光泽夺目；Polaris激光——除了针对眼角皱纹和粗大毛孔，高频激光对下垂的皮肤有紧缩作用；毛孔肉毒素——除了可以瘦脸、除细纹之外，还可以收缩毛孔。

下面，小P老师就为大家介绍几种值得尝试的最新"反孔"疗程：

▶ 点阵激光

点阵也叫飞梭镭射，可将表皮上的老旧色素组织去除，同时深入真皮层进行胶原蛋白重塑，一般5次治疗就可明显改善毛孔粗大、凹洞式痘疤等问题。

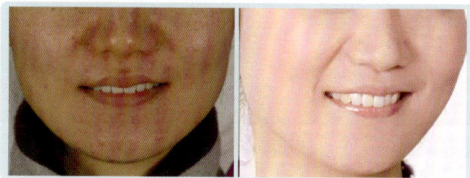

Before　　　After

▲点阵激光术去毛孔效果对比
（图片提供：杭州维多利亚医疗美容医院）

▲点阵激光治疗仪
（图片提供：杭州维多利亚医疗美容医院）

一般情况下，前两次治疗会有轻微温热感，第三次治疗出现灼热和轻微刺痛，第四次治疗可能会感觉明显刺痛。其中，眼角和额头的疼痛感最为明显，鼻子区域疼痛感最轻。术前可在皮肤表面涂抹麻药，让刺痛感减轻。

术前注意事项	1.术前须进行彻底的卸妆洁面，再适度涂抹外用麻醉药膏； 2.长痘、发炎化脓肤质，以及心脏病患者、异位性皮肤炎、过敏体质等，都不适合进行此手术； 3.术前两周避免阳光暴晒； 4.生理周期不适宜进行手术。
术后注意事项	术后皮肤会有轻微泛红状况，可利用冰敷冻面膜以迅速改善及减轻发红状态，冰敷时可能还会有灼热感，约3小时后会逐渐恢复正常。 术后两周内不能化妆，要注意加强皮肤保湿和防晒。术后刺痛和肿胀感可能会持续5~7天，所以在3天内可配合冰敷护理，7天内不要进行去角质清洁，也不要使用任何含刺激成分的保养品护理皮肤。
恢复时间	杭州维多利亚医疗美容医院提醒大家，使用Profile超级平台治疗后，治疗留下的创伤面会有轻微潮红破皮，约3天后创口开始结痂，7天之后创口开始掉痂。
不适合人群	1.光过敏者； 2.孕妇、哺乳期女性； 3.色素沉着体质者； 4.对微整形美容期望值过高者。

▶ 黑脸娃娃

　　黑脸娃娃也是近年来颇受追捧的医学美容项目。在治疗时，先清洁肌肤，然后将专用碳粉涂抹皮肤，利用激光将碳粉粒子爆破，从而震碎表皮污垢及角质。治疗仪器其所产生的高热能量可直接传导至真皮层，充分刺激皮肤细胞更新，激发胶原纤维和弹力纤维修复，利用肌体的天然修复功能启动新的胶原蛋白有序沉积排列，从而实现瞬间祛除幼纹及皱纹，消炎杀菌且分解色素，收缩毛

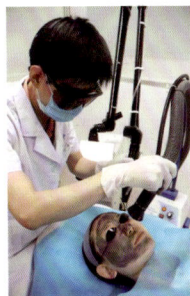

▲黑脸娃娃治疗仪　　▲黑脸娃娃治疗
（图片提供：空军总医院激光整形美容中心）

孔，平滑皮肤，令肌肤恢复原有弹性。最后进行彻底清洁，使用舒缓面膜，为术后脆弱肤质保温、镇静。

微整形时长	约20分钟。
可能出现症状	治疗后会出现短暂红肿灼热反应。
不适合人群	严重过敏型肤质人群。
术前注意事项	1.治疗前一周内不能做其他激光、磨皮及果酸焕肤等医学美容项目。 2.治疗前一个月内防止过度日晒，禁止做日光浴或SPA。
术后注意事项	1.术后会出现短暂红肿发热反应，可采取迅速降温、补水。 2.术后对皮肤的保湿补水非常重要。治疗后1周内不能使用含果酸、A酸、水杨酸、高浓度维他命C、酒精等刺激性成分保养品，避免进行去角质。 3.术后应避免阳光紫外线直接照射，加强防晒，建议使用SPF30～50的高倍数防晒产品，坚持2～3小时补擦1次；外出时尽量撑伞或戴帽子，做足防晒功课。

油田T区

拯救问题肌

我们通常所说的T区指的是额头、鼻子还有鼻子两侧区域，因为形状很像大写的"T"，所以称之为"T区"。由于这一区域特殊的皮肤组织结构，使其格外难以打理，很多人都在为T区无法抑制的油光烦恼不已。T区毛孔天生就很多，很易出油出汗，加上皮肤新陈代谢活动非常频繁，毛孔会变得粗大不堪；若清洁不当，更会长痘痘。毛孔粗大加上泛油长痘，肌肤时刻拉响美丽警报，恼人的T区，不知是多少人心中最难打理的肌肤死角！

曾经有一项调查显示，年龄介于18~40岁的人，居然有高达90%人都饱受T区偏油的困扰。而且，因为T区附近是脸部皮脂腺分泌最旺盛的区域，所以无论是混合性肌肤还是油性肌肤，T区都是肌肤问题的"高发区"。

拒做油光妹，T区控油四大基本功

每天彻底清洁：对抗油光，最重要的就是清洁。千万不要忽视每日的清洁步骤，清洁不彻底所留下的肌肤油光，不仅会使皮肤看起来脏脏的，若疏于护理，更会令油脂氧化加剧，随之导致毛孔松弛，皮肤水分流失得更快，加速老化进程。

莫用纸巾擦拭油：很多人都经历过这样的情况：在家明明已经做好皮肤护理，但出门没过一会儿，脸蛋立马又变得油腻腻的，尤其身处闷热潮湿的夏季，脸蛋感觉被完全笼罩在一个密闭的大闷锅里，每一个毛孔都呼吸不畅，使本来就爱出油的T区更是变成一个"喷油井"。

若拿面巾纸擦拭，很容易因脸上又是油又是汗，而尴尬地粘上许多白色纸屑，而且这种擦拭方式更容易伤害到肌肤，由于纸巾纤维与肌肤摩擦时会造成角质层上的微小挫伤，破坏皮肤自身抵抗力，从而导致各种皮肤问题，所以应尽量避免过度摩擦肌肤。

慎用吸油纸：更有很多MM误以为频频用吸油纸吸去面部油光，就能最大程度保持脸蛋清爽，其实这是万万不可取的，因为这样会把皮肤本身的油脂全部带走，皮肤一旦失去油脂的保护，就会自动发出"缺油警报"，加速油脂分泌，油光反而会越吸越多。

虽然T区出油很令人烦恼，但千万别把所有罪名强加到"皮脂分泌"上。适当的油脂分泌能帮助皮肤抵挡阳光中的紫外线以及空气中的污染物侵害，在皮肤表面形成一层滋养防护膜，对皮肤有一定的保护作用。因此，一定要慎用吸油纸，一天吸上1～2次就OK。

试试洗面刷：想要正确去除T区油光，除了正确选用控油类的洁面皂或洁面乳，以达到调控及清洁效果，最好再借助洗面刷，彻底清除肌肤上肉眼看不见的潜藏污垢。T区所使用的控油类保养品，最好和脸颊使用的产品区分开。

❧ 按摩改善法 ❧

除了选择合适的产品外，每天早晨涂抹完乳液，可巧妙搭配简单按摩手法，促进护肤品更充分地吸收；同时，通过穴位按摩，还可抑制T区油脂分泌。

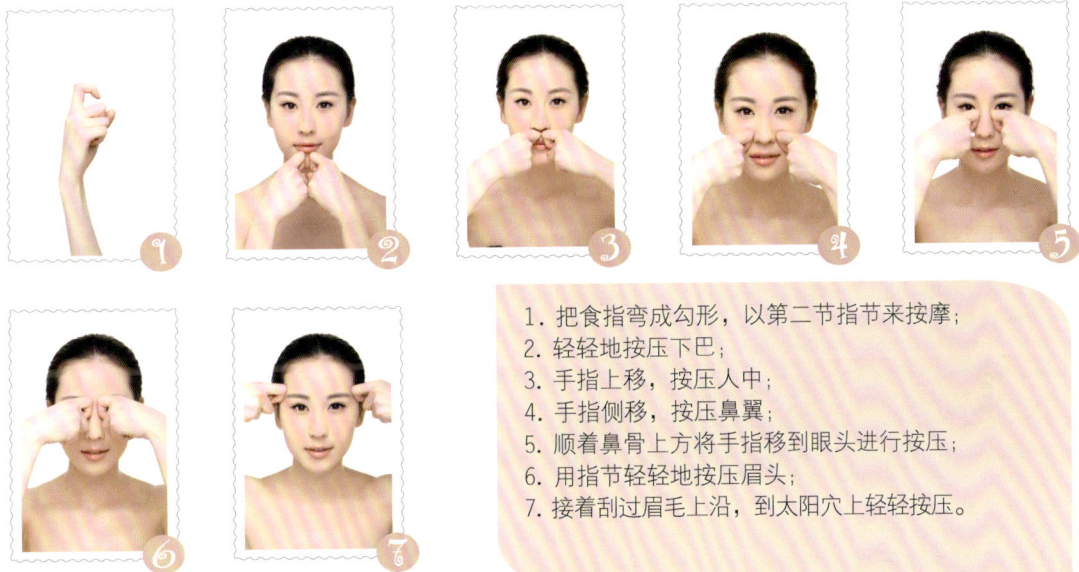

1. 把食指弯成勾形，以第二节指节来按摩；
2. 轻轻地按压下巴；
3. 手指上移，按压人中；
4. 手指侧移，按压鼻翼；
5. 顺着鼻骨上方将手指移到眼头进行按压；
6. 用指节轻轻地按压眉头；
7. 接着刮过眉毛上沿，到太阳穴上轻轻按压。

Tips

小P老师贴心提示

　　另外，我们还可以用简单的"热胀冷缩法"来清洁毛孔。每星期可以在洗脸后蒸脸1~2次，时长约5分钟，借助热蒸气让鼻部毛孔扩大，隐藏在毛孔内的污垢就会自动流出。但蒸脸后，切记要以冷水彻底冲洗，同时用双手轻轻地拍打脸部，以达到收缩毛孔的效果。

Fancl黑头洁净面膜

　　贴上面膜后，能先将毛孔深处的黑头和氧化油垢软化并溶解，用水彻底洗净面膜后，能深层清透毛孔。这款面膜中所含的野大豆籽提取物更可以抑制油脂分泌，减少油脂氧化和毛孔堵塞。面膜中还添加了氨基酸和透明质酸等保湿成分，可以温和地软化角质，平衡水油状态，收细毛孔。

FANCL
SEBUM
CARE PACK

❀ 无痕美颜术 ❀

近年来，果酸美容是美容保健业的一个热门话题。据说港星郑裕玲20世纪80年代就已经开始使用果酸焕肤，每次用完面部都像baby般亮白鲜嫩。对于那些想在短时间达到理想效果的繁忙都市人来说，果酸焕肤是你快速达到控油效果不错的选择。

▶ 果酸焕肤

果酸对抑制皮肤油脂分泌有很显著的作用，它能帮助分离软化过度重叠表皮，使粘连在一起的角质细胞自动脱落，从而加进皮肤细胞代谢，使皮肤恢复光滑滋润，从而抑制皮脂分泌，使表皮细胞再生速度提高30%以上，这是一般保养品很难达到的。

可能出现症状	轻微刺激感、痒、灼热感，轻微的痛感。
不适合人群	长期接受日光暴晒的人；正在感染皮肤病毒的人。
术前注意事项	脱毛产品、去角质产品、面膜、磨砂产品等在治疗前一周要停用。
术后注意事项	1.在皮肤恢复正常前，尽量避免日晒，并使用医用防晒乳液。恢复正常后，若要外出，最好每天使用防晒乳液，避免紫外线造成色素沉积。 2.在果酸焕肤后1~7天内，避免用力揉搓皮肤，并在洗脸后依照医师指示使用营养面霜（早晚各一次），直至皮肤恢复正常。 3.为避免产生瘢痕，在皮肤恢复正常前，请勿刮毛、剥除结痂、抓皮肤搔痒处等。

下垂松弛

❧ 拯救问题肌 ❧

毫无疑问，每个人都希望自己能时刻保持年轻状态，心态年轻，外表也年轻，这也就是娇嫩净白、吹弹可破的"童颜肌"备受追捧的原因。可是随着年龄的增加，皮肤变得下垂、松弛，似乎是每个人都逃不开的岁月魔咒。

脸部皮肤松弛通常在30岁左右逐渐明显。当然你可以安慰自己：这是岁月赠予的"特别礼物"，但每当面对镜子，相信大部分女人都会将它视为解不开的心结，挥之不去的噩梦。

谁偷走了我们的紧致肌肤

皮肤松弛的原因有很多，包括支持皮肤的肌肉变得松弛；细胞与细胞之间的纤维随时间而退化；皮下脂肪流失，以及地心引力、遗传、精神紧张、阳光照射、吸烟等等。

Tips

小P老师贴心提示

胶原蛋白是维持皮肤与肌肉弹性的主要成分，骨胶原占肌肤真皮层的70%以上，但20岁后肌肤制造胶原的速度逐渐放慢，但胶原仍在不断流失，所以20到25岁，肌肤老化现象更趋明显。食品中的胶原最多能被人体吸收3%，外用的胶原成分保养品因其分子量较大，皮肤同样只能吸收一小部分。

全面预警，对皮肤松弛说"No"

每天来一张保湿面膜：专业肌肤实验室发现，肌肤里的"氧气采集系统"作用原理是用其3D网状结构捕获空气中的氧气，使其稳定储存于肌肤表面，不会轻易流失，就像全天都敷着一张隐形面膜。当肌肤细胞比较强健时，真皮层的锁水保湿系统自然得以完善，肌肤自身的保湿力也逐渐提升。

所以当你结束一天忙碌紧张的工作学习后，在夜间可配合使用保湿面膜来缓解肌肤的疲劳，为肌肤即时补足氧气，促进肌肤微循环代谢，增加肌肤活力并促进肌肤内毒素排出，最大限度地缓解其衰老松弛。

饮食均衡，谨慎减肥：有些女生只顾一味地减肥，殊不知节食减肥会造成皮肤营养过快流失而得不到有效补充，在皮下形成胶原空洞，使皮肤凹陷松弛。

注意防晒：有90%以上的皮肤松弛都是紫外线照射过度所导致，所以一定要注意时刻做足防晒工作。平时可多吃新鲜蔬果及富含胶原蛋白的食物，如葡萄、西红柿、胡萝卜、红酒、绿茶等，通过大量有效地补充天然维生素C，对抗皮肤氧化，延缓松弛。猪脚含有大量胶原蛋白，可增强皮肤结构支撑力，同时加强皮肤锁水保湿，使皮肤保持紧绷弹性。

表情不要太丰富：良好的表情习惯也尤其重要，像偏嚼、皱眉、抬眉、眯眼、喜怒无常等不良情绪和表情会造成局部皮肤过度运动及肌肉紧张，出现"表情纹"。

适度去角质：有很多女性都喜欢在美容院做脸部肌肤去角质，其实，过度去除皮肤角质会让皮肤变薄而失去天然保护屏障，肌肤遭受污染物的侵害时，更容易变得干燥敏感，造成松弛。因此每周进行一次温和去角质最合理。

告别香烟和酒精：烟酒中含有大量刺激性物质，皮肤长时间遭受这些刺激性物质侵害，会失去活性而变得松弛。

❧ 按摩改善法 ❧

　　如果当你看完以上造成肌肤松弛的种种原因，并在自己身上找到了症结，那就要当机立断，将"抗老计划"提上日程。

　　在洁面之后，涂抹面霜时，配合一定按摩手法促进其养分吸收，会使其抗皱修复效果事半功倍，就让我们一起来按摩对抗地心引力吧。

1.将面霜置于掌心展开；
2.均匀的将面霜涂抹开来；
3.手握拳状，以大拇指关节按摩，按压下巴轮廓，略加力度；
4.接着往两边咀嚼肌延伸按压；
5.以大拇指关节按压嘴角两处；
6.接着延伸至两边耳垂；
7.以大拇指关节按压鼻翼两侧；
8.由鼻翼延展至两侧鬓角进行按压；
9.将双手搓热从脸的中央开始按压；
10.最后顺延往两侧进行按压。

要解决下垂松弛的困扰，视黄醇无疑是最强歼敌神兵！视黄醇又称维生素A。在一些化妆品的成分中，会被称做亚油醇、A醇、Avita、avibon、avitol等等，它是视色素的主要组成部分。在美容领域，它拥有着高效的抗老作用，是目前世界护肤专家认定最有效的抗衰老成分之一。视黄醇可以改善皮肤细纹、皱纹、干燥、暗沉等诸多老化问题，帮助增强肌肤的厚度和合成胶原蛋白的天然能力，让皮肤纹理呈现更年轻的状态。虽然维生素A有着强劲的抗老功效，但添加到护肤品中却不易保持活性，有些品牌选用深色的瓶器来遮光，而兰嘉丝汀的视黄醇系列就是用了一种无气泵的包装，避免了温度变化、光照及污染，确保产品中的有效成分可以发挥最大功效。

兰嘉丝汀视黄醇精萃滋养精华凝露

媲美抗老微整形术的修复美肌效果，使用后即感受到肌肤被填充饱满的丰盈紧致效果。特别加入高效保湿臻品玻尿酸，搭配包裹维生素A活性成分的专利智慧离子导航载体科技，最大程度提高肌肤保湿度及锁水力，从内而外对抗肌肤衰老问题。精华露质地清爽细致，每次只需挤出两颗黄豆大小用量，延展按摩肌肤，精华露很快融入肌肤，皮肤表面纹理瞬间活化，摸起来柔软细滑。建议在视黄醇精萃日霜及晚霜前使用，全套配合使用，美肌更加分。

对付下垂松弛，我们还可选择胜肽类保养品。胜肽，是氨基酸（蛋白质的最小单位）数目在2～10的蛋白质。这些胜肽按照含氨基酸的数目不同可分为二胜肽（含两个氨基酸）、三胜肽（含三个氨基酸）、四胜肽等。而由于其所含氨基酸品种不同，二胜肽也有不同的品种，三胜肽也是如此，这就是出现各种"胜肽"的原因。

胜肽有何神奇作用？其实，每种胜肽的作用各不相同，主要包括局部阻断神经传递肌肉收缩信息，使脸部肌肉放松，以抚平皱纹，防止表情纹产生；促进胶原蛋白、弹力纤维和透明质酸生成，提高肌肤自身含水量，增加肌肤厚度及减少细纹。

For Beloved One宠爱之名 修颜紧致精华霜

结合两大抗老巨星——DNA基因抗老科技和胜肽元素，一一排除所有老化因子。最新的多胜肽DNA抗老科技专利DNA修护素 Renovage™，从源头赋予细胞新生活力，逆转岁月对肌肤造成的伤害，成就轻龄美肌。同时加入胜肽抗皱疗法，四胜肽生长因子Chronoline™、抗皱六胜肽 Argireline® 为肌肤注入活力弹性，并舒缓高压生活造成的面部紧绷，还原肌肤光滑饱满的完美状态。

Chronoline四胜肽元素可增强肌肤耐受力，淡化细纹，保护胶原蛋白并且增加对环境污染的防御力。另有类肉毒杆菌的Argireline六胜肽元素，有效舒缓抚纹，减少肌肤纹路的深度，增加肌肤弹性与紧致度。除此之外更添加质地细致的晶亮光璨因子，透过天然的光反射，肌肤立即光泽透亮，打造名媛般的动人月光美肌。

DNA复制细胞时所造成的"端粒缩短现象"为人类细胞老化的主因。而Renovage™则是一种DNA修护素，能有效刺激基因以维护端粒长度，并同时对抗来自外在的氧化压力，达到延迟细胞老化的功能，创造出理想的皮肤状态。使用Renovage™乳霜后，能有效改善肌肤结构，让肌肤看起来更光滑、更年轻。

　　每种胜肽中所含的氨基酸品种不同，对各种类型肌肤的功效也有所不同，胜肽含氨基酸数量越多，其分子的体积也就越大，可以分别作用于肌肤深浅不同的部位。胜肽家族中的五胜肽、六胜肽、八胜肽可以放松脸部肌肉，对于抚平因紧张产生的动态纹、静态纹和其他细纹有很强的修复力，疗效甚至媲美医学整形术中的肉毒杆菌祛皱术。胜肽的浓度越高，产品的抗皱能力就越强。

　　高端护肤产品中的重要成分之一"神经肽"可谓抗皱大军中的智能精英，彻底赢战逆龄抗老。神经肽（neuropeptide）是非常微小的氨基酸纤维，被誉为通往青春的"信息高速公路"，它能促进胶原质和弹性纤维的修复，增加肌肤弹性，并平衡肌肤锁水功能，加速血液循环，加快细胞代谢，还可帮助修复瘢痕，抚平细纹，抵御因年龄增长而造成的肌肤松弛及毛孔粗糙现象。

　　神经肽可以直接渗透细胞层面，修复肌底细胞，就像"特效药"般令疲惫肌肤焕发健康光彩。添加了这种成分的护肤产品就很适合熟龄肌修复，能最大限度延缓皮肤衰老进程，让脸部轮廓变得紧实饱满。当肌肤状态极度疲惫时，轻抹少许就可以让肌肤快速恢复年轻活力。

神赋其力的高强抗氧化利器——Perricone MD裴礼康理肤滋养霜

　　被网友们称为"美肌熨斗"的滋养霜。添加两种神经肽成分，与DMAE、生育三烯酚搭配，这种由神经肽与DMAE的组合成分能赋予肌肤如同注射天然肉毒杆菌后的提拉紧致效果，肤质也能变得光滑红润。每次取一颗黄豆大小的用量，按摩全脸肌肤，很容易延展渗透，丰润乳霜细腻易推开，能智能选择作用于干燥受损肌肤，发挥其特殊滋养力，令疲惫肌肤迅速感受愉悦，肌肤触感瞬间变得光滑紧实，从各个角度看都水润光亮。

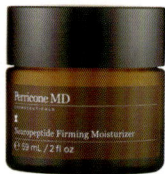

❧ 无痕美颜术 ❧

在美容事业发展迅速的今天，美肤除皱成为一种安全、有效、快捷的美肤方式。想要有效改善皮肤松弛，我们可采用激光美肤进行改善。

激光美肤效果彻底持久，治疗过程更不需要麻醉，基本不会有明显疼痛感。治疗后不需要包扎愈合，肌肤经过自然恢复就可以达到理想的术后效果。

经过专业咨询后，小P老师给大家介绍几种行之有效的激光抗皱疗法。

▶ 电波拉皮

电波拉皮是一种改善肌肤松弛、皱纹的医学美容术。其原理是使用治疗发射头传导高能量的高频电波，深入加热皮肤胶原质纤维和皮下组织，形成胶原蛋白收缩效应，即刻实现皮肤紧实，刺激胶原蛋白新生，以达到长效性皮肤拉提紧致效果。电波拉皮术利用独有专利冷喷技术，能全面保障皮肤无损，降低高温所导致的不适感。只需一次治疗，即可令松弛皮肤收紧，让皮肤变得光滑紧致，脸部轮廓变得清晰立体，焕发青春光彩。

小P老师提醒你：电波拉皮治疗时会采用打格定位技术，也就是平常人们所说的"画格子"技术。治疗前，需要用专门打格纸在脸部进行精确定位。操作时，医生会手持一次性探头按照方格形式紧贴皮肤进行治疗。这项技术可确保护理部位绝不会遗漏及无意识重复操作，同时保证脸部双侧治疗能量的均衡施予。

微整形时长	约1小时。
恢复时间	2~3天。
可能出现症状	治疗后可能出现短时间红肿现象。

不适合人群	各种炎症性皮肤病、高血压、心脏病等慢性系统性疾病史以及凝血功能障碍、癫痫、瘢痕体质等疾病的患者。
术前注意事项	治疗区皮肤尽量避免涂抹粉底类底妆产品，治疗前应进行彻底清洁。
术后注意事项	注意防晒、正常作息及清淡饮食。

▶ Refirme激光紧肤技术

可在任何身体期望达到紧致的部位进行针对性治疗。无任何疼痛，有效安全治疗皮肤松弛和皱纹，该技术结合双极射频及光能量，加热皮下目标组织的同时，降温保护肌肤外皮层，刺激胶原增生，从而重塑年轻紧致光彩肌肤。每做1次，效果就会累积加强；通常进行5次以后，就可获得最佳紧肤效果，治疗总次数将决定肌肤状况。

▶ Meso Botox美速疗法

使用特制定位枪在深度皱纹部分导入药剂，药剂被皮肤组织直接吸收后，促进肌体抗衰老及再生功能。这是和肉毒素治疗相结合的治疗方法，可改善皮肤结构，加强皮肤弹性。皮下Botox疗法的主要功效来自于它能阻碍毛孔周围平滑肌纤维的肌肉活动量，收缩毛孔就意味着减小皮肤面积，这样脸部皮肤就会变得紧致，从而增加皮肤光泽度，除皱效果自然提升。

▶ 射频紧肤

射频紧肤是由AccentPro深蓝热塑射频在皮肤下特定的深度产生40.68MHz的射频场，使皮肤组织中的水分子高速旋转，从而使局部组织温度迅速升高，刺激胶原蛋白及弹性纤维的增生重组，收紧皮肤，使肌肤更加紧致细腻。

　　手术前，需要彻底清洗脸部皮肤，然后医生会在需要进行手术治疗的区域涂上润肤油，再开启仪器进行治疗。杭州维多利亚医疗美容医院的专家提醒大家，刚做完治疗的3小时左右，皮肤会有局部泛红现象，还可能伴有灼热感。

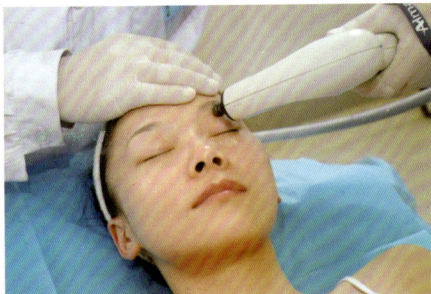

▲深蓝射频紧肤治疗
（图片提供：空军总医院激光整形美容中心）

微整形时长	30分钟。
恢复时间	深蓝射频紧肤除皱是一种非倾入性的治疗，因而无恢复期。
不适合人群	孕妇、哺乳期女性、未成年人。
术前注意事项	1.接受治疗前两周避免阳光暴晒。 2.女性须避开生理周期。
术后注意事项	1.治疗后皮肤新陈代谢加快，多数手术者可能出现皮肤干燥缺水的情况，应加强补水等皮肤保养。 2.做好防晒功课。

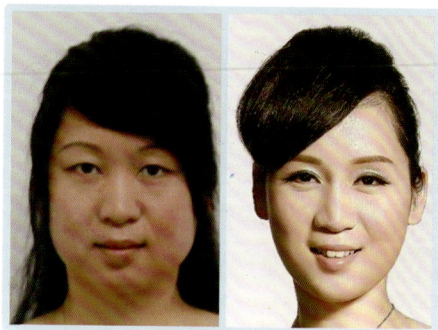

Before　　　　　　After

▲射频紧肤效果图

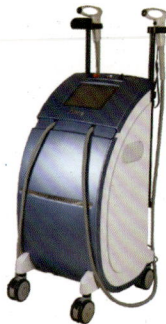

▲AccentPro深蓝微波热塑射频仪

（图片提供：杭州维多利亚医疗美容医院）

▶ 超声波按摩仪

　　传统的按摩只是起到使面部肌肉放松的作用，不能改善皮肤的吸收功能。而皮肤本身是有屏障功能的，不是所有的营养物质涂在表面都能够吸收。所以可以适当使用一些导入的仪器，让营养物质更容易更深入地进入皮肤，促进护肤品中营养物质的吸收。

▲超声波按摩仪

Part **2**

精塑脸型

■ 脸小到什么程度才算"超上镜小V脸"？完美的脸型轮廓标准究竟是怎样的？下巴臃肿变"双"了怎么办？该如何面对可爱又可恨的婴儿肥？

试着"呼喊按摩"，可以帮你逐级进阶小脸妹；学会用粉底打造立体小脸妆，能让你瞬间变身小脸美人；必要时还可打个溶脂针，随时进行，无需全麻，30分钟后就能看到双下巴消失后的你自己啦！……脸型知识，"伪妆"秘籍，微整形窍门，要想精通这一切，就快来参加小P老师诚心为你准备的"精塑脸型"趴！

上镜巴掌脸

❧ 重塑脸形课 ❧

打开电视、报纸、网络随便看去，立体俏丽的小V脸无处不在，主持人、演员、歌手，几乎个个都是，而这还是上镜之后放大了的效果哦，生活中的她们脸要更小呢。可是当你看到这些电视中的真人，才发现她们并非真的像在荧幕中那样俏美可人，脸型也并不那么完美，从大家偷偷使用电脑修图软件润色修脸这件事儿上来看，也不难看出女生们对"小V脸"的热衷。

可大自然总是鬼斧神工地把我们的脸塑造成各种不同"造型"，在感叹其创造力和想象力的同时，也苦恼了许多人：本来有很强的工作能力，面试的时候被明明实力不如自己却因为相貌小巧可人而备受面试官青睐的女孩占了先机；或是本人性格其实非常亲切好相处，却因一张四方形"国"字脸让人不敢轻易靠近……

现实中，完全符合美学标准的脸型比较少见，大多数人的脸型都有这样或那样的缺陷：脸型过宽、过长、过方或者过短、过窄等。生活中常见不标准的脸型有：方形脸、圆形脸、梨形脸、心形脸或菱形脸等。脸看起大的原因有多种，如脂肪堆积，咬肌发达，骨骼发达等。因此要正确分析问题，根据自身轮廓进行精准矫正，才能达到完美瘦脸效果。

小P老师贴心提示

　　1：0.618为国际上通称的面容"黄金分割"，一张理想瓜子脸的长与宽比例应为34：21，这一比例正好符合黄金分割律。雕塑家伯拉克西特列斯的著名雕塑《尼多斯的维纳斯》的脸部，就是被公认的完美轮廓模板，从发际到下颌的长度与两耳之间的宽度比，也接近黄金比例。

❦ 按摩改善法 ❧

"呼喊按摩"，逐级进阶小脸妹

　　你是不是很羡慕明星们的小巴掌脸？是否还终日苦哈哈地为自己的嘟嘟大脸烦恼不已？来跟小P老师学一个"呼喊按摩法"吧，可以让你轻松瘦脸哦！

1　嘴巴闭气，食指和中指并拢，放在下颌关节处，重复按压三次。

2　在下颌关节背面，以画小圆圈的方式轻轻按摩，重复3次；

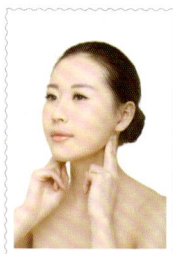

3　嘴巴闭气，吸气，两颊向内收，嘴唇嘟起，保持这种状态3秒，重复3次；

4　随着"啊"一声把气吐出，嘴巴张开成"0"型，重复3次；

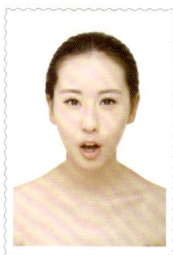

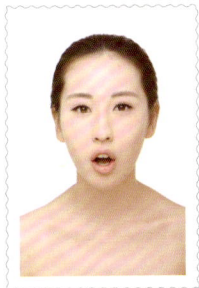

⑤ 眼睛睁大，目视前方，口成"O"型发出"哦"音，重复3次；

⑥ 保持嘴型，嘴巴顺时针转动，慢慢呼吸，感受周围肌肉运动，重复3次；

⑦ 放松脸颊肌肉，两手五指张开，手指微曲轻点两颊两侧。

心机"伪妆术"

粉底"隐"脸，瞬间生效

除了日常的保养，你也可以利用一些简单的彩妆步骤营造出立体小脸妆。通过巧妙涂抹粉底，让脸瞬间修饰变小。

先把脸分成3个区域，中间部分要用比自己肤色稍浅一点的粉底修正；脸颊部分使用贴近自己原本肤色的粉底涂抹；而脸型外围则选取比自己肤色深一号的粉底遮盖调控，这样轮廓就会变得立体清晰，脸型自然被修饰变小。

❧ 无痕美颜术 ❧

想做好看又耐看的小脸美女，瘦脸洗面奶、按摩操只能慢慢改善。想要立竿见影变身小巴掌脸，还是看看医学上的整形瘦脸术是如何做到的吧——

▶ 溶脂+吸脂

如果是因为皮下脂肪与颊部脂肪积厚所引起的"嘟嘟脸"，可以首先用高频激光照射促进皮肤血液循环系统，帮助下巴减肥，然后用PPC溶脂针注射到脂肪层破坏脂肪细胞壁，利用酶溶脂液将皮下积累的脂肪组织充分溶解，从而达到减少脂肪细胞的目的。再利用目前波长最高的Accusulpt激光吸脂，在不破坏其周边组织的情况下巧妙地矫正脂肪组织，精巧抽吸，吸脂后刺激皮肤真皮层，诱导胶原蛋白的生成，可达到提升肤质与瘦脸的双重效果。

▶ 瘦脸针

如果是咬肌肥大导致的脸型不够柔缓，瘦脸针无疑是最佳选择。它可阻碍该部分肌肉发展，有效减少肌肉的体积，使下颌变得更加纤细。

"瘦脸针"的主要施效成分就是肉毒杆菌。这种注射以前是用于抚平表情纹的，后来被发现对于瘦脸功效显著，因此被广泛应用。肉毒杆菌可以阻断神经与肌肉的神经冲动，让过度收缩的肌肉松弛，麻痹过于发达的肌肉，使咬肌部分萎缩，但不影响咬肌的基本生理功能，达到瘦脸的功效。目前最常用的瘦脸针针剂是A型肉毒杆菌素。

瘦脸针的注射效果是慢慢显现出来的，一般1~2周后能看到效果，两个月左右，瘦脸效果是最完美的，所以一定不要着急，要有耐心。

时下流行的肉毒杆菌瘦脸术，一般注射后可维持10个月，然后慢慢恢复原状；如果想要获得持久瘦脸效果，就需再次注射肉毒杆菌，一般2~3次治疗后，就可拥有理想的永久性效果。

微整形时长	注射肉毒杆菌瘦脸一般不需麻醉，只需在两侧咬肌肥厚处选择1至数个注射点注射，缓慢注射适量即可，只需约10分钟。
术后恢复	不需做任何术后按摩帮助修复；一般正常的咀嚼运动，即可让药液在肌肉组织内逐渐扩散。
不适合人群	1.孕妇、哺乳期女性。 2.重症肌无力症者。 3.过敏体质者。
术前注意事项	1.女性避开生理周期。 2.注射前2周切忌服用氨基糖苷类抗生素。
术后注意事项	1.不要按摩或揉擦治疗区域。 2.保持直立体位至少6个小时。 3.注射后24小时内避免饮酒。

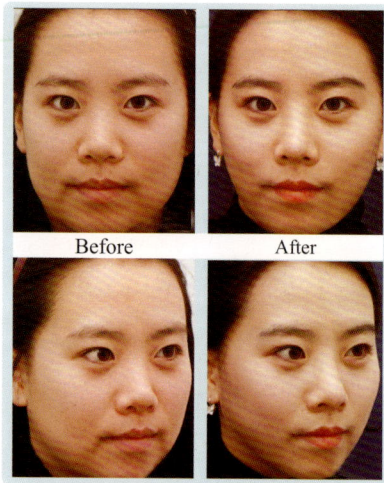

▲肉毒杆菌瘦脸前后对比

（图片提供：韩国HER!SHE整形外科医院）

Peter Thomas Roth彼得罗夫轮廓紧致精华液

含极致增长因子复合神经肽，四重功效精准作用于肌肤各个层面：通过萎缩咬肌、缩小脂肪体积、刺激胶原蛋白和弹力蛋白的生成以及加快肌肤自身新陈代谢从而紧致提升肌肤轮廓，恢复肌肤弹性、平滑。

明星小V脸

❧ 重塑脸形课 ❧

过去大家总把完美脸蛋的焦点放在五官轮廓上，但其实脸部黄金比例（1:1:1）也非常重要。

脸部黄金比例是指额头与中脸和下脸的长度呈现1:1:1，其中，中脸指的是眉毛到鼻尖的轮廓间区域，而下脸则是鼻尖到下巴之间的区域。下巴是最能体现出女人气质的地方，每个人都想拥有一个精致下巴，这能让脸部整体轮廓更立体突出，还会让个人气质加分。

而标准美型的下巴，只有少数人天生拥有。下巴发育状况不佳，或下巴尾端没充分凸起（也就是平常大家口中说的"没下巴"），都会让脸部看起来缺乏立体感。

❧ 心机"伪妆术" ❧

想拥有明星小V脸的女孩，用个简单的化妆手法，其实就能改变下巴轮廓！

你可以选用比自身肤色深2～3号的粉底来做阴影调色，再利用有光泽感的浅色珠光饰底粉末做局部提亮，利用粉末深浅的光线反射原理，以修正提升下巴"尖尖"的俏丽形象。

1 将沾有浅咖啡色的修容刷，以从上往下的手法在脸颊1/4处轻扫；

2 顺延至下颌处，把下巴和脖子的界限修正明显；

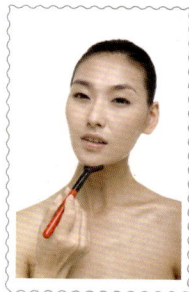

3 从另一端以同样手法轻扫过渡至下颌，以画"U"形方式上粉；

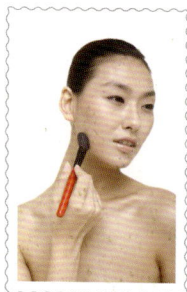

4 最后选用珠光亮粉提亮下巴，从下巴最下方轻轻向上轻扫。

妆后

▲利用光线反射原理轻松刷出明星小Ⅴ脸

无痕美颜术

在这个科技高度发达的年代，除了彩妆修饰，下巴给脸形带来的缺憾还可通过人工方法来弥补，通过改善下巴的视觉立体感，来实现脸部比例完美均衡——

▶ 微晶瓷

因其操作简单方便且用时短，微晶瓷成为时下最受欢迎的下巴微整型医学美容方法，其卓越的手术效果及安全的产品特性，受到许多专业医生和明星肯定推荐。

微晶瓷主要成分是合成的calcium hydroxylapatite（CaHA），类似人体组织中的无机成分，故又称"生物软陶瓷"，具良好的生物兼容性，在体内经18～24个月后可被完全降解吸收。微晶瓷的定型力较另一种常用的填充物玻尿酸更佳，所以更适合用在鼻子、下巴等需较强定型力的轮廓部位。

微晶瓷的大小在25~45微米，奶油状的微晶瓷为凝胶质地，绝佳的塑形效果是由微晶瓷晶球与身体组织所共同形成，触感柔软自然，并能让效果维持数个月至两年之久。

Tips

小P老师贴心提示

如果下巴短小没有轮廓，即使脸再小也会看上去圆嘟嘟的。因下颌占整个脸部面积的1/3，决定脸型下半部分的视觉轮廓，是体验一个人脸型美的重要结构标准；只有下颌和脸部其他器官相互和谐，才能拥有端正完美的脸部轮廓。

至于自己究竟适不适合"垫下巴"，除了依照个人审美需求外，还可多听听专业医生建议。如本身脸型已经是天生瘦长型，就不太适合再把脸部整体"拉长"，但可请医生帮忙把下巴垫尖加翘，让脸部看起来更精致有线条感，这样自然就能增加脸部立体视觉效果。

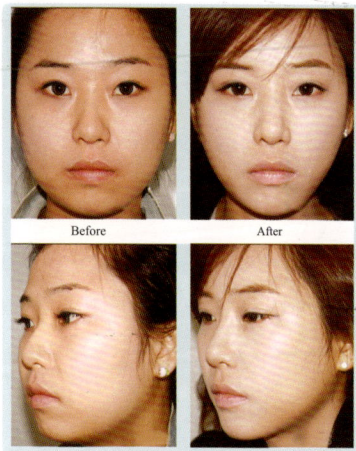

Before　　After

▲ 塑造明星般的尖下巴
（图片提供：韩国HER!SHE整形外科医院）

注射微晶瓷时，医生会先在需要改善施打的轮廓部位涂抹麻药，约待40分钟，就可以进行注射。如需做垫下巴手术，在施打前，医生会先在下巴需要改善部位作上记号，完成注射后，医生会为下巴二次塑形，最后再涂抹术后修复药膏。对大部分人来说，注射后约1年至1年半，微晶瓷术后的完美效果就会逐渐随肌肤新陈代谢而被分解；若想延长下巴轮廓的"完美时间"，可在注射后3～6个月，再进行手术做微量填补。

微整形时长	45~55分钟（其中敷麻药30~40分钟）
恢复时间	不需要恢复期。 如果出现淤血情况，约1周时间就会逐渐自我痊愈。
可能出现症状	无论进行任何一种"垫下巴"疗程，术后肌肤多少会轻微淤青、肿胀及疼痛不适。
不适合人群	高血压、糖尿病、心肺疾病及长期服用抗凝血药物者，需术前认真咨询专业医生，再正确定夺是否应进行手术。
术前注意事项	向专业医生咨询时，尽量仔细说明自己期望术后所塑造的下巴轮廓形态，或备上期待轮廓参考图直接给医生参照，必须更多听从医生建议，因下巴是脸部重要组成部分，脸部整体轮廓的协调性及黄金比例都以其为重要考虑标准。注意，可不是将明星的下巴如法炮制在自己脸上就一定合适哦。
术后注意事项	可通过医生开的处方药物来帮助改善肌肤术后不适，多保持"头高脚低"姿势。术后恢复期间，应特别注意下巴区域的创伤口清洁，尽量不要触碰伤口，以免手上的细菌感染伤口，造成二次感染。

名媛苹果肌

❀ 重塑脸形课 ❀

　　"苹果肌"是指眼睛下方二厘米处的肌肉组织，呈倒三角形状，又称"笑肌"。

　　年轻的女孩微笑或做表情时，这部分肌肉会因脸部肌肉挤压拉伸而自然微微隆起，看起来就像个圆润有光泽的粉红苹果，所以被称为"苹果肌"；但一过三十岁，如果不勤加保养，双颊很易变得干瘪无光，"苹果肌"也会渐渐失去神采直至消失。

　　俗话说"相由心生"，时刻保持愉快心情，常常笑脸迎人，其实就是最好的天生"苹果肌"。看起来就是一张讨喜的脸，即使初次见面，也能给人甜美可爱、温柔妩媚的感觉，因此，在医疗美容发达的韩国，打造"苹果肌"的医学美容疗程称之为"少奶奶手术"抑或"贵族手术"，在她们眼里，"苹果肌"不仅能凸显粉润好气色，更是"天生公主命"的象征呢。

对着镜子微笑，找出笑肌的位置，腮红的重点就是找准笑肌位置，任何画法都要从笑肌开始哦！

C型好气色画法：圆
形腮红刷蘸取适量腮
红，围绕笑肌位置，
在脸颊上以"C"字
轻刷过。

妆前

妆后
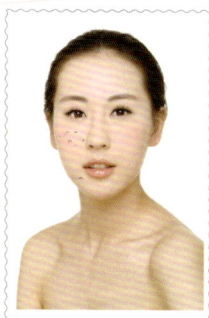

圆形可爱画法：用圆
形腮红刷蘸取适量腮
红，在笑肌位置以画
圆的方式刷上腮红。

妆前

妆后

长形成熟画法：用斜头
腮红刷从笑肌往太阳
穴，自脸上从下到斜
上方，用粉刷轻轻扫
过，留下流畅的颜色。

妆前

妆后

下面，让小P老师为MM们贴心推荐两款居家自塑"苹果肌"好帮手：

Bobbi Brown波比布朗星纱颜彩玫瑰系列

众多好莱坞明星为之疯狂的达人级彩妆单品！可制造如梦似幻妆效。渐变腮红经典之作，颜色渐变从上到下、由浅到深，多色融合使用，立体双颊一步到位。

Bioderma贝德玛舒妍洁肤液卸妆水250ml

甘油与木糖醇成分有助于浅层补充皮肤水分，独有TOLERIDINE专利，抑制促炎细胞因子释放，防止皮肤发炎，超强镇定舒缓功能，帮助降低皮肤敏感不适，提升皮肤健康耐受性。只需将洁面乳浸透化妆棉后，以由内向外方式擦拭脸部、眼部及颈部，无须过水，即可轻松彻底卸妆。

❧ 无痕美颜术 ❧

目前很多女明星都利用玻尿酸注射以塑造完美"苹果肌"，这也是近日韩国风靡大街小巷的"少奶奶手术"。手术注射后，"苹果肌"会微微鼓起，脸部迅速变得立体，脸蛋整体感觉变得圆润、贵气且和善，效果自然。

▶ 玻尿酸注射

相信大家对"玻尿酸"早已不陌生了，它可与人体中的透明质酸很好地结合，没有排他性。在进行此医疗美容手术前，首先要确保注射美容医生的绝对专业度，专业的注射美容医生会先观察你的脸部阴影，如果脸部有凹陷皱纹，也可咨询医生能否一起完成针对填补，这能让整体脸型线条更饱满完整。

　　玻尿酸注射采用分点注射法，就是把适量玻尿酸分散注入。塑造"苹果肌"时，注射位置必须精准选取，若注射位置判断失误，很可能会让脸部看起来臃肿，所以，通常术前医生会根据顾客诉求及自身情况，仔细观察勾勒注射"苹果肌"的位置，并根据顾客肌肤凹陷程度，量身定做出最合适剂量的"苹果肌"。因此，慎选经验丰富的医师非常关键。

微整形时长	外用局部麻醉药膏40分钟。 实际注射时间约10分钟。
所需费用	视所需剂量而定。
可能出现症状	术后数日内可能略有肿胀感，局部按压可能有颗粒异物感，只要外观看来平整，便为正常现象。
术前注意事项	局部敏感发炎现象。
术后注意事项	注射玻尿酸当天不可以化妆、喝酒，以免对皮肤有刺激性，一周之内最好不要挤压苹果肌处，以免变形或是肿胀。两周内不要吃阿司匹林等抗凝血药，大概两周之后苹果肌就会完全定型。

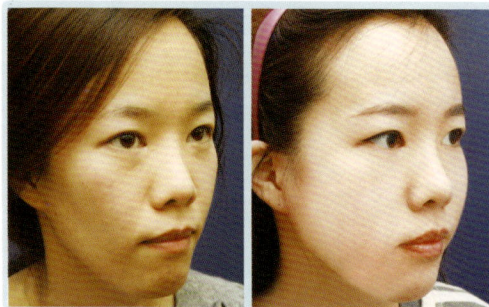

Before　　　　　　　　After

▲玻尿酸注射"苹果肌"
（图片提供：韩国HER!SHE整形外科医院）

◗ 胶原蛋白注射填充

胶原蛋白注射填充是打造"苹果肌"的另一优选。现在国内较流行的是玻尿酸和胶原蛋白组合的注射方式，填充效果更自然，而且通过玻尿酸注射而产生的"苹果肌"，不会出现术后脸部表情僵硬的不良问题。

也许有人会问，进行这种填充注射手术会不会让脸颊变胖或变大啊？其实大可不必担心，丰满脸颊是为了让脸部轮廓看起来更完整美观，弱化因颧骨过于突出而造成在视觉上的"苦命相"，人也会显得更有活力精气。

Tips

小P老师贴心提示

注射后，脸颊上只会留下两个微细小针眼，过段时间就会完全消失。两周后，再以小分子玻尿酸注射修补细微处，可让肤质看起来更紧实细致。

◗ 自体脂肪丰面颊

自体脂肪丰面颊是从自身脂肪丰富的部位抽取脂肪，经过严格纯化、消毒等步骤将脂肪颗粒注射到面颊凹陷处。通过自体脂肪填充可使脸型得到改善，而且还能使人恢复年轻。自体脂肪丰面颊手术，具有取材组织丰富、损伤小、恢复快、无排斥及无过敏反应等优点。

嘟嘟婴儿肥

❧ 重塑脸形课 ❧

婴儿肥对很多女生来说都是"甜蜜的负担"：明明身材不算胖，可脸蛋总看起来肉嘟嘟的，经常被人捏着小脸说："肉肉很可爱！"总摆脱不了"胖妹"的称号。

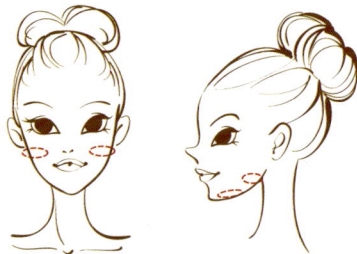

亚洲女生的轮廓跟欧洲女生不一样，颧骨没有欧洲人高，结构不够立体，因此会托不住脂肪，稍微有点脂肪、毒素或水分堆积，就会显得脸部过于饱满。所以不管身体多瘦，脸看上去还是圆圆的，不够成熟，也不够立体。

亚洲人脸上有5个脂肪袋，分别在：颧骨下方两个，下巴正下方有一个，脸廓两侧下各有一个。这也使得脸型容易臃肿、变方，形成双下巴。

❧ 按摩改善法 ❧

如果想避免上述状况，在选择保养品时要注意其成分能否燃脂、排水、排毒，再针对5个脂肪袋，搭配排水排毒按摩手法，就可事半功倍。

1. 双手握拳，用两手的指关节处沿着脸颊轮廓线上线按摩，重复按摩5次；

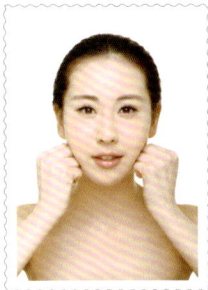

2. 双手握拳的姿势，用大拇指之外的四根手指的第一指关节到第二指关节之间的部分在颧骨与眼睛下方来回按摩，重复5次；

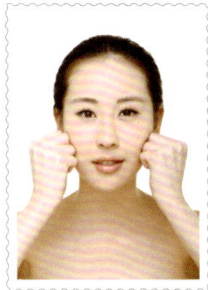

3. 两手的指腹在颧骨下方将肌肤向上拉升，这样的动作持续3秒左右，重复5次；

4. 指腹沿着脸颊两侧慢慢向上拉升至眼睛部位，动作重复5次；

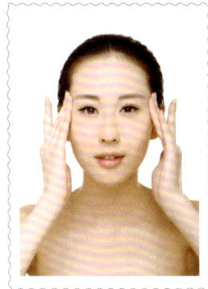

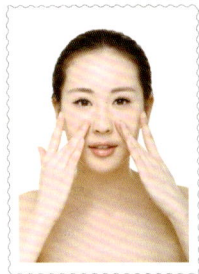

5. 用两手的中指指腹稍稍用力地按住法令纹产生的部位；

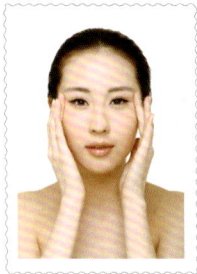

6. 接着用按着法令纹部位的中指指腹沿着颧骨，向上将肌肤往上拉；

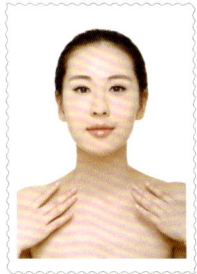

7. 然后仍然是用中指指腹从眼睛，沿着耳朵前面按摩到锁骨的位置。（STEP 5~7重复6次。）

下面为大家介绍小P老师私家推荐的居家必备紧颜利器：

Clarins娇韵诗纤颜紧致精华乳

通过咖啡因、亚马逊巴香草等多种具有排水、排毒及塑形功效的植物成分，帮助控制及消除面部五处"脂肪袋"中的脂肪并消除面部浮肿，塑造颧骨与下巴轮廓，同时收细毛孔，提升紧致肌肤并均匀肤色。追求"上镜小V脸"的麻豆必备利器，不要盲目追求动刀后的整形锥子脸，要上镜就必须去水肿；连续用1个月就奏效，有了它帮助按摩，再配合健康膳食及排汗运动，小V脸指日可得。

❦ 无痕美颜术 ❦

如果你是婴儿肥的女生，如果你做梦都想自己的"大肉脸"能变成迷人"小瘦脸"，但又不敢鼓起勇气去做磨骨手术。那你就赶紧庆幸生在一个医疗美容技术高速发展的时代吧——不用磨骨，面部吸脂已经是常见的瘦脸方法之一。

▶ 吸脂瘦脸术

吸脂瘦脸术对于医师的技术要求有"四高"：面部两侧的对称性要求非常高；皮肤的平整程度要求很高；皮肤切口的部位隐蔽性要求高；微创伤的操作技术、准确性要求高。吸脂去除"婴儿肥"前，还要与医师认真谈论找准吸脂部位、范围及诉求达到的理想效果，还要充分沟通本人的疾病及用药史。

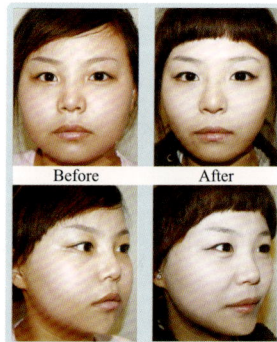

▲摆脱很Q的婴儿肥
（图片提供：韩国HER!SHE整形外科医院）

Tips

小P老师贴心提示

由于脸部脂肪位于皮下层，脸部吸脂术要在这一层的浅层进行，而脸部神经在皮下层深层，吸脂时若不小心，误入脸部皮肤皮下层深层，会损伤到脸部神经，术后会出现脸部神经麻痹（肌肉不能正常动弹拉伸）。所以，一定要找经验丰富的整形外科专家进行面部吸脂术。

恢复时间	约1个月可逐渐看出脸型修饰的效果，3～6个月可享受完美瘦脸成果。
可能出现症状	术后约10日，以前有"婴儿肥"的你极有可能会感觉皮肤有些生硬，不用担心，这是正常的肌肤恢复过程；待完全恢复后，"婴儿肥"会彻底远离你，期间不会对正常的生活和工作造成过多不良影响。
术前注意事项	术前7～10天停服类固醇激素和阿斯匹林等抗凝血药物，避免化妆；女性要避开月经期，男性要提前戒烟1周。
术后注意事项	保证手术部位清洁，防止感染；术后初期尽量避免手术部位沾水；饮食上，避免进食辛辣刺激或过硬食物。

▶ ACCUSCULPT雷射溶脂

ACCUSCULPT雷射溶脂利用目前波长最长的Accusulpt激光，在不破坏其周边组织的情况下巧妙地矫正脂肪组织，增加皮肤弹力，使面部轮廓变得细长。吸脂后刺激皮肤真皮层，诱导胶原蛋白的生成，可以达到提升与瘦脸的双重效果。无须切开，只需30分钟，仅一回的手术也可以将轮廓修饰成理想的V脸。

臃肿双下巴

❧ 重塑脸形课 ❧

如今大家对于美的普遍理解是，不仅要身材窈窕性感，更要有一张小巧俏脸，且360度无死角，无论哪个角度看都玲珑有致，才算满意100分。但我们试想一下，如果你长了一个臃肿的双下巴，除了让人一看会忍不住"扑哧"一笑外，恐怕剩下的就只有叹息和对你的"怜惜"了。相信谁都不希望成为相貌上的谐星吧？！

"双下巴"在医学上称为下颌脂肪袋，是皮下脂肪组织堆积过多，再加上皮肤松弛和重力作用导致的；另外，脸颊周边的淋巴堆积毒素，也会造成双下巴。

"双下巴"是经常低头工作的朋友最易产生的问题，它会使颈部在视觉上严重缩短，直接影响脖子和下巴形态；尤其是从侧面看，脸型毫无轮廓，极大影响了美丽形象。

❧ 按摩改善法 ❧

下巴以及颈部周围皮肤，在平时运动时难以锻炼到，"双下巴"一旦形成，很难在短时间内依靠日常保养解决，所以必须防患于未然。其实预防也并不麻烦，只要平时保养注意挑选具排水燃脂的面霜或颈霜，搭配针对性按摩手法坚持使用，就可最大程度避免双下巴产生。

下面，小P老师就教给大家一组每天在涂抹保养品时都可以配合的按摩步骤：

1 用双手食指和拇指从两边至中间按压下巴轮廓，略加力度，循环10次；

2 弯曲食指，然后与拇指一起从两边往中心轻捏下巴轮廓，循环10次；

3 抬起颈部，双手前掌从脖根处向下巴中心处推动交替式按摩，促进排毒，按摩三次；

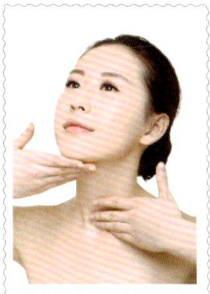

4 抬起颈部，利用双手的虎口从下巴中心处向锁骨处推动交替式按摩，促进废物排出体外，按摩三次。

无痕美颜术

双下巴的出现让美女们好像苍老了很多，脸部线条也变得模糊了。如果不想放弃美丽的权利，想快速赶走双下巴，那就去寻求高科技医学美容的帮助吧。

注射溶脂针是双下巴美容的不错方法，不仅马上就能看到脸部、双下巴消瘦下去的样子，并且远期效果也不错。

▶ 注射溶脂针

注射溶脂针是将含有使脂肪分解代谢成分的药物多点注射至双颌脂肪层，使脂肪细胞内的油脂分解成小分子脂肪酸，穿过细胞膜，随血液循环排出体外，达到显著的瘦脸效果。

溶脂针最大的特点是能够精确定位，术前医生会对爱美者的脂肪厚度进行测量计算，定位皮下目标脂肪群，保证溶脂层的精确度。这样就能去掉臃肿的赘肉，使脸形得到根本改变。而且溶脂针还可随时进行，无须全麻，塑型均匀且痛感轻微，注射后也无须包扎。

因为是一种非手术减肥塑身方法，所以溶脂针减的是脂肪不是水分，相对来说不容易反弹，尤其适合于小面积局部减肥，从下巴到眼皮到肚皮都可以打。

Tips

小P老师贴心提示

虽然看似简单，但溶脂针注册对于操作医生的技术及经验要求还是很高的，建议大家一定要多看多听多问。

另外，由于溶脂针减少的并非脂肪细胞的数量，而是脂肪细胞内的脂肪成分，所以维持规律的生活方式和健康的饮食习惯，才能更好地保持减肥效果。

微整形时长	约30分钟。
可能出现症状	轻微肿胀。
不适合人群	孕妇、哺乳期妇女；高血压、心脏病、糖尿病患者。
术前注意事项	1.女性不能在月经期间进行注射； 2.术前24小时内停止饮酒。
术后注意事项	1.注射后24小时针眼不要沾水或污染，不要使用化妆品，不要剧烈运动。 2.注射当天不饮酒，不吃刺激性食品、海鲜等。

Before   After

▲去除双下巴前后对比图
（图片提供：韩国HER!SHE整形外科医院）

欧巴桑法令纹

重塑脸形课

现在很多女性虽已将"轻龄抗老"提上日程，可毕竟内外施压、岁月无情，年轻脸蛋时刻潜伏失守危机！不知哪一天照镜子时，就会发现那梦魇般的可怕法令纹。

黑斑和其他皱纹虽也同样令人讨厌，但还不至于让你看上去骤然变老；可这两条无情纹路一旦出现，会给人"一夜变老"的感觉，整个人也会看起来凶巴巴的，你立马会被无情地套上"欧巴桑"名号！

揭露法令纹

法令纹是位于鼻翼两侧延伸而下的两道纹路，是典型的皮肤组织老化、造成肌肤表面凹陷的现象。随年龄增长，皮肤里的胶原蛋白、水分含量会逐渐消失，皮下脂肪也会萎缩下垂形成皮肤表面凹陷，再加上很多人在微笑或大笑时都会用到腮部肌肉；空气污染及手机电脑辐射，久而久之也会促使法令纹的形成。

按摩改善法

脸上一旦出现法令纹，就会让人看上去衰老且与人有距离感，想要永驻年轻美丽，法令纹必须歼灭！

"摩"平法令纹

下面，小P老师教大家一套按摩妙招，最大限度地延缓法令纹在你脸上生成的势头：

1 利用食指和拇指的指腹作出捏压的手势；

2 从法令纹最尾端由下及上，横向轻捏。

3 将双手做出呼喊状压于法令纹处；

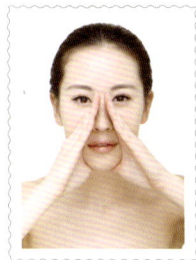

4 接着从法令纹处滑向太阳穴处；

5 将食指和中指放在法令纹尾端；

6 接着顺着法令纹做拉抻的动作。

心机 "伪妆术"

"抹"平法令纹

"法令纹"始终无法彻底歼灭？但绝不容许其在脸上明显表露！就让各种彩妆品帮你去除它。

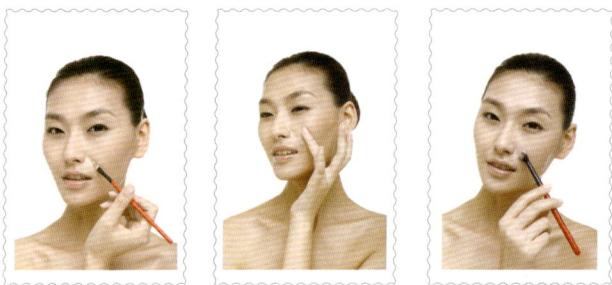

1.先用遮瑕笔由上往下沿着法令纹覆盖；
2.再用指腹沿线条向下推开；
3.用粉刷由上往下沿着法令纹方向轻扫，使法令纹上的遮瑕膏和底妆结合，同时与鼻翼相接的位置自然过渡。

妆后

▲巧妙遮瑕，消灭法令纹。

Tips：法令纹最怕出现粉沟，所以力度一定要轻。

❦ 无痕美颜术 ❧

有很多明星，今天还有这样那样的皱纹，可是很快又不见了。除了仰仗那些有针对性的专业去皱产品之外，医学美容也是他们经常用的方法。

▶ 玻尿酸去除法令纹

这种注射主要是通过人为地补充透明质酸来消除皱纹或使局部器官增厚增高，使皮肤保持弹性，从而达到平整的效果。

施打玻尿酸时，依照皱鼻纹的深浅程度与部位，一般约需两针大分子注射量，注射部位包括外侧鼻翼凹陷处、法令纹本身与嘴唇外侧下方。先用外用局部麻醉药膏厚敷40分钟后，再在相应部位附近注入玻尿酸。

Tips：有时候刚打完玻尿酸，皮肤摸起来会有像颗粒般的东西，就像有小小的球在肉里面，这个现象大概到了第3天左右就会消失，而且那些颗粒融入真皮组织是肉眼看不到的，所以如果你打完玻尿酸后立刻上班，别人其实是很难看出来的。

Tips

小P老师贴心提示

玻尿酸主要存在于人体的结缔组织及真皮层中，是一种透明的胶状物质，是人体皮肤主要的保湿因子。随着时间一天天地流逝，人体内的玻尿酸也在悄悄发生变化，生成与消耗在体内大约可分为三阶段：一般女性在18岁前，玻尿酸制造比消耗快，所以自身体内的玻尿酸不会轻易缺失；18~28岁，玻尿酸的制造跟消耗速度相当，这也是肌肤看起来最饱满明亮的年龄段；35岁左右，胶原蛋白开始大量流失，其生成速度趋缓，皮肤看起来明显衰老失弹，法令纹随之悄然产生。

注射时间	外用局部麻醉药膏厚敷40分钟。 实际注射时间约10~15分钟。
恢复时间	通常无须恢复期，但万一有局部淤青，则需1~2周退去。
可能出现症状	若除了有凹陷困扰外，法令纹还有明显刻痕，注射室医生会选择注射到皮肤浅表处，所以术后可能会持续数日出现泛红印记，再逐渐退去；若无明显刻痕，通常注射完不会有泛红出现。
不适合人群	"苹果肌"过度凹陷者，应从此处进行先充填，提升支撑力，之后如果还有需要，再注射于法令纹处。
术前注意事项	局部无敏感发炎现象。
术后注意事项	术后初期，可能手术皮肤部位会稍有颗粒感，属正常反应。若表面看来有不平整，可稍加按摩；若注射部位有出血淤青，注射当日可加以冰敷。

▶ 自体脂肪注射

自体脂肪注射也是消除法令纹的一种方法，通常跟注射玻尿酸适用的部位基本相同，想让面部变得饱满富有青春活力适用此方法。一般从腰腹、大腿等部位提取脂肪后经特殊处理得到纯脂肪，再移植到凹陷处。因为使用自身组织，所以不会发生异物反应。

▶ 爱贝芙

爱贝芙也是一种注射后可以让肌肤年轻化的医疗美容产品。在被注射到真皮底层之后，注入的胶原蛋白几个月后80%会慢慢被人体吸收，而20%的PMMA小微球则长久地存在于人体内，不断地刺激皮下胶原蛋白及其他皮下组织的生长。一至三个月后自身的胶原蛋白会取代爱贝芙中的胶原蛋白，只要人体皮肤下面的胶原蛋白始终保持稳定的数量，就可以长久保持皮肤不出现皱纹。

微整形时长	3~5分钟。
恢复时间	1~3个月。
可能出现症状	有些人在注射部位可能有短时间的细微红肿、触痛或发痒。
不适合人群	注射部位有感染者；对利多卡因过敏者；对胶原蛋白过敏者；有免疫系统疾病者；瘢痕增生体质者；目前正在接受糖皮质激素治疗者。
术前注意事项	1.如果受术者面部有感染，将感染部位的皮肤治愈之后才能进行爱贝芙注射除皱手术。 2.对于那些有器质性疾病的人来说，将病情稳定之后才能做爱贝芙注射除皱手术。 3.女性一定要避开月经期和怀孕期。 4.有吸烟嗜好的爱美人士需要在术前1个月开始禁烟。
术后注意事项	1.注射后24小时内手术部分保持清洁干燥，避免沾水。 2.注射后3日内应坚持注射部位处于静止状态，不要触摸、按压或热敷，同时防止大笑或哭泣，避免面部肌肉频繁运动。 3.术后1周内防止食用刺激性食物和易过敏食物（如虾蟹、海鲜类），禁烟酒。 4.术后一周内防止做皮肤护理和部分按摩等。

木偶抬头纹

❧ 重塑脸形课 ❧

额头上一条条弯弯曲线，看起来总像在思考什么，很有学问的样子，但它们除了能证明你"满腹经纶"外，也是告知老化的信号。

抬头纹的产生与面部表情有着莫大关系，它的形成原因主要分两种：一种是因为经常使眼皮上抬或者作出夸张的表情，挤压到额头皮肤，所以虽然年纪轻轻也会有抬头纹，如果这样的习惯长年累月改不掉，再随着肌肉老化、松弛，即使面无表情，额头上仍可见一条条纹路。

还有一种抬头纹是大量失水、营养不良、强烈日光刺激导致的。如果我们的面部皮肤长期暴露在这样的环境里，就会降低和损伤额部肌肉的恢复能力，皮下纤维组织的弹性也会逐渐降低，抬头纹也更容易找上你。

❧ 按摩改善法 ❧

6步指尖魔法，帮你赶走抬头纹

想要去除抬头纹，可以借助一些按摩手法：

1 将两手大拇指放在太阳穴，轻压3~5秒;

2 取适量按摩霜，并用指腹由眉心至发际线，交替按摩10下;

3 用大拇指和食指的指腹轻轻地进行按压;

4 用食指和中指按压在额头中央;

5 接着往两侧延展，打开食指和中指做剪刀状;

6 利用双手指腹按压抚顺额头肌肤，并做往上提拉滑动的动作。

心机 "伪妆术"

"妆" 出无纹美人

1. 以1:2的比例，将精华与粉底液两者混合，增加粉底的保湿含水量；
2. 接着以由下往上的方式将粉底在额头处推开；
3. 最后用大的散粉刷轻扫一层，做最后的定妆。

妆后

▲ 抬头纹也可以用彩妆轻松去除

无痕美颜术

若想快速去除抬头纹，借助高科技才是王道。台湾许多明星指定的詹医生告诉大家，肉毒杆菌素是抬头纹的克星。

◗ 肉毒素去抬头纹

肉毒杆菌素是从肉毒杆菌中提炼出的一种成分，可抑制局部神经在肌肉间的传导。肉毒素去抬头纹是利用了肉毒素能让肌肉受到神经控制暂时停止、休息不动的原理，久而久之因为不作用而减少皱纹的产生。

手术中，先用外用局部麻醉药膏厚敷40分钟后，将适量稀释过的肉毒杆菌素注射至额头过度收缩、挤压出抬头纹的表情肌中，它可以阻断神经传导，让过度活跃的肌肉放松，改善抬头纹的状况。通常注射两三天后开始作用，约一周后达最佳效果，持续4~6个月。之后肌肉恢复运动，抬头纹还会再度出现，必要时便需再度接受注射治疗。

Tips

小P老师贴心提示

虽然肉毒杆菌在现今的医学美容世界中已经使用得很普遍了，但是对于抬头纹的注射用量还是很考察医生的判断的，有时在荧幕上看到一些演员在演戏时，眉头眼睛部分僵硬无表情，就有可能是注射过量了。

微整形时长	外用局部麻醉药膏厚敷40分钟。 实际注射时间5~10分钟。
恢复时间	通常无须恢复期，但万一有局部瘀青，则需1~2周退去。
可能出现症状	注射剂量或部位不适当时，可能发生眉尾上扬、眉心压低、眉型变平、两侧不对称，甚至上眼睑下垂无力等现象。此部位是一般微整型治疗中，最常造成表情不自然的部位之一，剂量需请医师小心拿捏，最好由少量注射开始尝试，一周后若觉不足再增补。
不适合人群	若已过度严重成为静态纹路，没有用力抬眉就存在皱纹时，则需合并玻尿酸注射填充治疗，才能达最佳效果。
术前注意事项	局部无敏感发炎现象。
术后注意事项	术后4小时内尽量不要平躺或长时间让头部放低，以免肉毒杆菌素渗透至非治疗部位。

▶ 玻尿酸注射除皱

玻尿酸注射除皱是现代美容技术，它能与人体本身的玻尿酸和胶原蛋白互相结合，充分利用，所以效果看起来很自然。这种方法亦可刺激人体本身的玻尿酸和胶原蛋白增生，不但有治疗作用，也有预防皱纹出现的功能。

玻尿酸注射进入皮肤的细胞间质当中，能够帮助皮肤从体内及皮肤表层吸得水分，使得弹力纤维及胶原蛋白处在充满湿润的环境中。不仅使得抬头纹路消失，还能够让皮肤更加光滑有弹性。

玻尿酸注入身体数月后，会被身体吸收并代谢掉，不会永久存留体内。玻尿酸注射可以用来抚平皮肤皱褶或细纹，可以用来填补脸部小凹陷，使用方法非常简单，且效果快速。玻尿酸注射除皱的优点是一般可以维持6个月，不会产生僵硬表情，填补皱纹处容易达到平顺的效果，疗程快速又安全，不会留下瘢痕，安全性高，不会有过敏反应。

Tips

小P老师贴心提示

肉毒杆菌素的维持效果为4~6个月，玻尿酸则为10~12个月。趁着这段时间，加强使用胜肽、维生素A酸衍生物、果酸等促进胶原生成的成分，可以加强紧肤、除皱的效果，使注射除皱的效果延长。

Part 3

无痕电眼

■人人都渴望拥有一双迷人眼睛，它是美丽的心灵窗户，忽闪忽闪着，比万语千言更动听。而事实上，眼睛这个组织本身并无表情，它需要经过眼周的皮肤、肌肉、脂肪、睫毛及美貌来"综合"表达情绪。眼睛也是最容易泄露年龄的部位，眼皮松弛、眼袋下垂、眼角细纹产生、脂肪粒凸显、睫毛短小无神……该怎么解决？用心保养，彩妆修饰，医学美容，快来听听小P老师给你的"无痕电眼"提示。

炯炯双眼皮

擦亮心灵窗

眼睛是心灵之窗，一般看到别人第一印象就是脸部，而脸部的重中之重就非眼睛莫属了，一双炯炯有神的大眼睛一定为你的印象分增加不少。

大多数东方人，由于眼睑板与提眼肌解剖构造上的关系无法形成皱褶，再加上皮下脂肪较厚，因此大多数人会形成"单眼皮"。如果脂肪量过多，则会显得眼睛看起来肿胀有眼袋，一副睡眠不足的样子。为了让眼睛变大变美，很多人都选择去做"双眼皮"手术。

究竟什么样的双眼皮才堪称完美？有的人认为又大又圆又双的双眼皮看起来最可爱，有的人认为扁长微"内双"的双眼皮才有个性，由于每一个人的审美观大有不同，很难说哪种最标准最好看。只要双眼皮是"左右对称、宽窄相同、大小适度"并适合自身性格特点及眼型选择适合自己的眼皮形态，让眼睛轮廓整体看起来自然舒服，就是最适合最完美的眼皮。

认识双眼皮"家族"成员

眼尾微双，更显女人味：从眼睛中部到眼尾，甚至更短更贴近眼尾的部位才微微有点双，这样可以显得比较有女人味，妩媚动人。

与上眼睑平行，精神透亮：双眼皮跟上眼睑睑缘基本平行，适合眼睛比较大、眉弓比较高、眉毛距眼睛较远而上眼皮又比较薄的女性。

内窄外双，讨人喜欢：还有一种最受女孩子欢迎的桃花眼型，其特点是内窄外宽，适合眉毛跟眼睛的距离适中，眼皮较薄的人，看上去眼睛的横轴跟地平面呈一定角度，眼角还微微上扬，非常讨巧。

心机"伪妆术"

如果老天没给你天生双眼皮，不要烦恼，不要着急，现在市面上有很多辅助美妆工具，可以帮你打造出以假乱真的双眼皮哦。下面就一起来看看这些美妆"私货"用起来的优缺点。

双眼皮贴

适合眼部脂肪比较厚的女生来用，因为双眼皮胶带有一个支撑力，眼皮饱满的话，可以支撑起来。但是卸的时候要小心，避免拉扯到眼皮，否则天天这样眼皮很容易松弛。

① 一定要先剪出合适自己的眼形，一般把宽度剪去一半，是最适合亚洲人眼形的了；

② 闭上眼睛，顺着眼形弧度贴上，最适合贴在折位上约2mm位置。

Tips：如果眼头想深一些，胶贴便剪成眼头粗，眼尾幼；如果想眼尾加深折痕，则眼头剪幼，眼尾剪粗。如果眼皮中间不够折，不要整条贴上，而是剪一短小胶贴，贴在中间。

双眼皮胶水

比较适合脂肪没有那么厚的眼睛，眨眼的过程中，可以避免掉双眼皮胶带引起的反光穿帮情况，但在操作的时候要小心眼妆变得脏脏的。

1.先把眼皮油脂抹掉，可先用调整棒找出眼皮位置，再在眼皮上涂上胶水；
2.用指腹在胶水上轻印，令胶水更薄，不会太多且比较均匀；
3.待胶水半干时以Y形棒轻轻压出双眼皮便可。

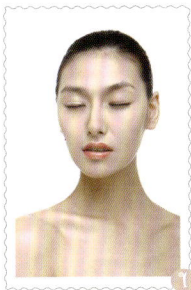

双眼皮线

近几年很流行，它没有双眼皮胶水容易脏的缺点，打造的双眼皮的效果是最真实的，缺点是不太适合眼皮脂肪比较厚的人，因为比较没有支撑的力量。

1 首先将胶条拉开，用力向两边拉；

2 把胶条打横压在眼皮5～7mm的眼皮上，如有双眼皮折痕则在双眼皮弧线的下端约1mm处贴上；

3 贴上后用安全剪刀将两边尾端剪掉；

4 再用附上的调整Y形棒修正弧度。

妆后

▲借助美妆工具轻松打造妩媚动人的双眼皮

无痕美颜术

无论哪种双眼皮工具，都不是长久之计，每天鼓捣眼皮也很麻烦，所以要想维持长时间的理想效果，还是得选择医学美容手术来获得一对双眼皮。

▶ 埋线双眼皮

埋线双眼皮是用美容线将皮肤的真皮和睑板或提上睑肌腱膜缝合在一起，依靠缝线及手术创伤所形成的瘢痕粘连，埋线法术后浮肿较少、双眼皮自然、不留瘢痕，而且操作简单，时间短，创伤很小，术后也不会影响正常工作，所以比较适合工作繁忙的人士。

▲埋线双眼皮前后对比图
（图片提供：韩国HER!SHE整形外科医院）

小P老师贴心提示

　　埋线双眼皮的效果维持取决于求美者自身眼周的皮肤情况，有人可以维持几年，但有人也可以维持几十年。只要大家做好术后护理工作，保持眼部清洁，术后完美效果一定能最大化延长。

术前注意事项	手术当日不要化妆，术前7天停服类固醇激素、阿司匹林等抗凝药物，以及其他扩容药物。中老年受术者必要时需测血压和做心电图，以确定身体健康。 瘢痕体质的人不适合进行埋线法。对于一些上眼睑较厚，并且较臃肿的人来说埋线双眼皮术也是没有多大效果的。
术后注意事项	做完手术后的几天尽量带上墨镜保护眼睛。 保持伤口清洁以防感染，术后7天内尽量避免沾水。术后2周内不看电视、报纸，并避免进食海鲜及辛辣刺激性食物。

▶ 韩式三点法

　　韩式三点法是现在非常流行、最受大家欢迎的双眼皮手术之一。手术方法是在上眼睑皮肤最合适位置，取三个小缝，去掉部分脂肪和多余皮肤，并将真皮层与睑板进行三点缝合。术后不会留下瘢痕，即使在闭眼时也显得自然漂亮。

TIps

　　真的准备好要去做双眼皮的时候也要特别小心哦，因为双眼皮手术看似是很简单大众的小手术，所以就会有很多经验技术匮乏的"庸医"利用求美者这种急于变美的心态盲目施刀，造成手术失败，导致术后双眼皮没过多久就消失了，或手术部位出现囊肿、双眼不对称等不良状况。因此我们在进行双眼皮手术时一定要擦亮眼睛，不要被街头广告和各种促销优惠信息所蒙蔽，选择正规专业医院、找正规专业有资质的医生进行手术，这样才能保证最终的手术效果和自身的安全性。

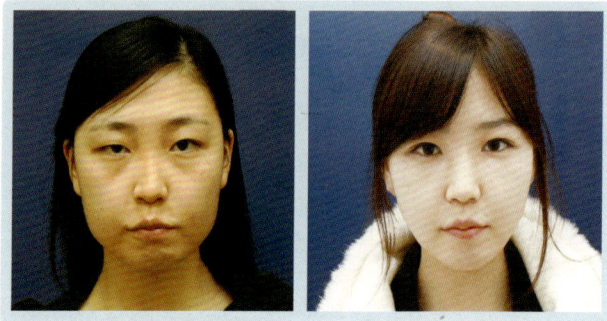

Before　　　　　　　　　　　　　After

▲韩式三点法双眼皮前后对比图
（图片提供：韩国HER!SHE整形外科医院）

浮肿金鱼眼

❧ 擦亮心灵窗 ❧

明明都已经起床清醒好一会儿了，可眼睛看起来还是肿肿的，甚至双眼皮快要变成单眼皮，一副睡眼惺忪的模样。看看镜子里的自己，真像只鼓着大水泡眼的金鱼！烦恼，但是无计可施，只能瞪着金鱼眼出门见人了。

是什么鼓起了我的眼皮

体内水分滞留：起床后的眼睛浮肿，多半是因为体内水分滞留所致。可用保鲜膜包好两三块冰粒，把毛巾对折后盖在眼皮上，然后把冰块放在上面敷眼。

过敏：季节性花粉过敏或灰尘、皮毛等各种过敏源也会引起眼睛浮肿。千万不要以为这是小症状，这种暂时性浮肿如果得不到及时治疗很可能会变成永久性浮肿。浮肿及过敏症状愈多，眼睑就会变得愈加松弛。

Tips

小P老师贴心提示

有眼部浮肿困扰的MM在饮食上也要注意，晚饭尽量清淡些，不要总吃含过多盐分的料理，使饭后因口渴而一直喝水，这样当你入睡后过多盐分会令身体吸取大量水分，若未能及时将水分排出，便会积存体内，次日醒来双眼就会变成金鱼眼。

❧ 按摩改善法 ❧

因水分毒素滞留导致水肿，除了冷热交替刺激血液循环来改善，还能用眼周穴位按摩法辅助施力：

1 按压攒竹穴，能有效改善头痛、头晕、眼睑跳动的不适感；攒竹穴位于眉毛内侧边缘凹陷处。

2 按压睛明穴：降低眼压、消除疲劳；睛明穴位于目内眦角稍上方凹陷处。

3 按压承泣穴：散风清热，改善眼睛红痛；承泣穴位于瞳孔直下方，眼球与下眼眶边缘之间。

4 按压瞳子髎穴：改善眼周循环，消除疲劳，延缓眼睑皮肤下垂；瞳子髎穴位于眼角外侧约一指旁的凹陷处。

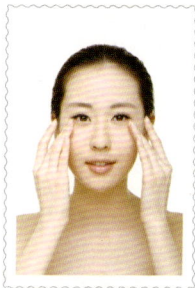

5 按压丝竹空穴：明目止痛；丝竹空穴位于眉尖稍下处。

6 按压鱼腰穴：改善疲劳与头痛。鱼腰穴位于眉毛的中点，即瞳孔直上的眉毛上。

浮肿克星——白菊花茶

很多上班族都喜欢喝菊花茶，其实菊花茶对保养眼睛还有好处呢。《神农本草经》里提到，白菊花茶能"主诸风头眩、肿痛、目欲脱、皮肤死肌、恶风湿痹，久服利气，轻身耐劳延年"。民间有一种方法，用棉棒蘸上菊花茶的茶汁，涂在眼睛四周，很快就能消除因为睡前饮水造成的浮肿现象，不妨一试哦！

接下来，小P老师要为饱受眼部浮肿困扰的MM们推荐一款产品——居家快速高效护眼神兵：

Benefit 贝玲妃消肿紧致眼部啫喱

有效改善眼周浮肿及细纹，收紧眼袋，为你带来年轻、紧致的双眼！它富含水解大豆面粉的萃取成分，能提升并使眼周肌肤紧致；覆盆子果和母菊花成分可滋润、舒缓眼周，海藻的萃取精华亦可提供瞬间紧致眼周的效果，妆前妆后都能使用，使用后眼周立即有紧致感；感到困顿的时候，清凉感还能镇静舒缓眼部疲劳。

娇韵诗明眸紧致精华露

可有效淡化眼部浮肿，击退眼袋及黑眼圈。蕴含咖啡因成分，有效分解和燃烧眼部6块脂肪袋，令眼部轮廓更加立体。添加多效甜菜根成分，可加强淋巴循环，促进排水排毒，轻松击退早晨易出现的眼部水肿问题。独有的纤容按摩手法，可提升、紧致眼睑，令眼部肌肤紧致，拥有无痕魅力电眼。非油性、易吸收的特质令妆容更加持久。

熊猫黑眼圈

擦亮心灵窗

　　动物园里黑白分明憨态可掬的国宝大熊猫可算人人喜爱，那对儿标志性的黑眼圈绝对功不可没。浓黑烟熏妆也三五不时登上T台秀场，成为时尚女生争相追逐的酷帅、冷峻眼妆。可若是让你每天撑着一双"熊猫黑眼圈"出门，相信对于这种"可爱"的样子就避之唯恐不及了吧？！黑眼圈虽小，但若听之任之不加重视，就会有形成眼袋的危机！

黑眼圈成因123

　　先天遗传：有些黑眼圈是由于遗传关系，还有眼周肌肤肤色本身就比脸部肌肤颜色要深的先天型黑眼圈。

　　熬夜、情绪不稳定：因为自己不注意，经常熬夜晚睡，加上平时工作生活中情绪不稳定，后天形成黑眼圈。

　　眼周色素沉着：当静脉血管血流速度过于缓慢，眼周皮肤红血球细胞供氧不足，静脉血管中二氧化碳及代谢废物积累过多，就会形成慢性缺氧，还会导致血液较暗并形成滞流，造成眼周色素沉着。年纪愈大的人，眼睛周围的皮下脂肪变得愈薄，所以黑眼圈就愈明显。

　　肾经不足以养肝：还有一种中医角度的说法，就是大多数黑眼圈的产生都是因身体内部肝肾出了问题。当肾精不足以养肝血时，双眼就会出现黑眼圈。这类黑眼圈患者，就要通过调节身体内分泌进行养肝护肾，建议咨询专业医生，具体问题具体分析。

超经济黑眼圈消除术

睡好子午觉："睡美人"可不是白叫的，美人真的都是睡出来的呢。睡好美容觉对皮肤和身体各部分机能都有好处。最重要的睡眠时间是"子午觉"，指的是晚上10点到凌晨2点。如果无法在这段时间就寝的话，也一定要在这段时间之内涂上滋润的眼霜，给眼周肌肤足够的养分。

多给眼睛放松时间：平时工作中常用到电脑的话，中间休息的时候可以滴1~2滴眼药水来缓解眼部疲劳，或者抽空做个眼保健操，看看窗外的蓝天白云，望望远方，多看看绿色植物，让眼部放松舒缓一会儿。

少化厚重的妆：在化妆的时候，尽量不要太厚重，避免在卸妆时太过用力摩擦，对娇弱眼周肌肤造成负担或损伤。

明目饮食：饮食上，要注意多吃瘦肉、蛋类、豆制品、花生、黄豆、芝麻、新鲜蔬菜及水果等，以及富含脂肪、蛋白质、氨基酸、维生素A及矿物质的食品。经常食用这些有助于保持精力充沛，使皮肤细嫩光滑，眼睛明亮健康。

心机"伪妆术"

彩妆"打黑"

很多人都以"遮瑕力强"的修饰型化妆品为遮盖黑眼圈的第一选择。但你有没有想过：如果眼周皮肤被遮瑕品遮盖得过厚，原本脆弱的它们会变得更干，到时就算没有了黑眼圈，你也会看上去老了10岁。其实只要选好适合自己的修饰颜色，"遮瑕"不用太厚重，一样能获得良好的修饰效果。首先一起来了解一下黑眼圈的颜色：

青色黑眼圈：通常发生在20岁左右，尤其是日常生活作息不正常的人，最容易出现这种颜色的黑眼圈。

茶色黑眼圈：与年龄的增长息息相关！茶色黑眼圈会因为黑色素生成与代谢不全而产生，长期日晒也会使色素沉淀在眼周，肌肤过度干燥也是成因之一，这些问题累积起来，就会形成挥之不去的茶色黑眼圈。

下面，小P老师就来为大家介绍一个快速消除黑眼圈的彩妆遮盖法：

1 选择橘色的液体状遮瑕产品，以点按压的方式点在眼睛周围；

2 用指腹轻拍，以指腹温度增加贴合性，中和遮瑕产品与肌肤之间的色差；

3 接着用米黄色的遮瑕膏涂抹在之前的位置上；

4 然后用指腹轻轻点开，让遮瑕产品与眼周肌肤更加贴合；

5 利用小刷子蘸取一点蜜粉，做眼周定妆。

妆后

▲ 正确选择遮瑕产品，黑眼圈乖乖隐形

❀ 按摩改善法 ❀

正确的按摩手法也可以有效地消除黑眼圈：

① 准备纱布或小毛巾，用冷水与热水交替敷，直接从鼻梁横向盖住眼鼻，同时指腹向外滑动，利用温度加速血液循环；

② 涂抹眼霜后可直接进行眼周按摩，利用指腹分别从上、下眼头往外滑动；

③ 分别按压上下眼周的前、中、后三点；

④ 最后以指腹像弹钢琴般，轻轻拍打下眼周即可。

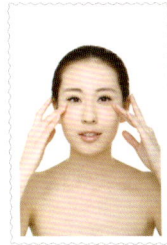

❦ 无痕美颜术 ❧

适当地注意生活节奏与饮食调理，可以让偶尔才出现的黑眼圈逐渐退隐回去，但是由于血液循环不良、淋巴回流不顺畅造成的顽固的黑眼圈可就不那么好办了。虽然可以靠化妆暂时遮盖掉，但时间紧张的时候，还是得顶着大大的熊猫眼出门，有碍观瞻又显得很没有精神。试试用医学美容来解决黑眼圈问题——省时又省力。

▶ 彩光嫩肤法

这是一种通过连续的强脉冲光子技术进行治疗的非剥脱性疗法，可消除色素斑、细小皱纹，修复毛细血管扩张。目前最成熟的激光去黑眼圈技术因其时间短、恢复快、无出血、痛苦小等优势，受到众多求美者的青睐。激光治疗黑眼圈是采用一种远红外长脉冲激光，适合于多种因素引起的黑眼圈，但使用后个别人会有局部红肿的现象。

这种激光手术无开放性损伤，无须麻醉，经过定期治疗和专业护理，配合眼周护理和日常保养，有效打散下眼睑、眼眶处的深层色素沉着，改善皮肤代谢，促进血液循环及淋巴循环，达到去除黑眼圈目的，术后效果持久。一般治疗3～5个疗程即可明显见效。治疗后，不需进行特殊护理，只需避免紫外线照射，24小时内避免使用刺激性保养品及化妆品，适当配合进行型眼霜、眼膜及配合轻微眼部按摩，保持良好作息。

仅短暂的几十分钟，就会让肌肤变得光滑有弹性。几个疗程后，便会自然光亮，达到去除黑眼圈的目的。

▶ 玻尿酸注射法

使用玻尿酸来填平凹陷处阴影以改善眼袋及黑眼圈，使皮肤撑厚，血管颜色自然彰显不出，从而达到去黑眼圈的目的。

可怜泪沟

❧ 擦亮心灵窗 ❧

泪沟是指由内眼角开始出现在下眼睑靠鼻侧的一条凹沟，它是由于眼眶隔膜下缘的软组织萎缩、下垂而生成的。经常有人调侃说：什么泪沟啊，你哪有这么"林黛玉"？明明就是"累沟"，为工作累为家庭累，看起来就很委靡的样子，你啊，真的需要休息啦！

其实，泪沟一般是先天性的，眼皮较薄的人会更加明显。泪沟在年轻时通常不会很明显，这是因为年轻人皮下脂肪较为丰富，皮肤也比较紧绷，因此只会有隐约的轮廓。不过，随着年龄的增长，皮下脂肪日渐萎缩，皮肤会变薄，并因弹性降低而下垂，下眼皮内侧的泪沟就逐渐开始变得明显了。当你有天照镜子突然发现它大喊"这是什么？怎么办怎么办？"的时候，已经难以改变它存在的现实了。

❧ 心机"伪妆术" ❧

若采取"妙妆法"心机遮盖泪沟，就需用浅一点色号的遮瑕膏来修饰平整它，但泪沟是因胶原蛋白流失而在脸上产生的凹陷表象，要使其看起来恢复饱满，建议选用保湿度强的遮瑕膏进行修饰，避免因厚重遮盖而出现皱痕。

1 用浅一号的润泽遮瑕产品在泪沟的部位画一道，接着以放射状的方式推开；

2 刷开后，利用指腹轻轻按压来抚平刷子留下的刷痕，同时让遮瑕品在肌肤上更加贴合；

3 最后还要用蜜粉轻轻扫过一层，做细部的眼周定妆。

妆后

▲ 心机"妙妆法"迅速填平泪沟

Tips：步骤2很重要，若想让脸上的所有粉妆贴合，一定要借助指温的作用。

❧ 无痕美颜术 ❧

哪种医学美容技术，能有效去除给人以憔悴印象的泪沟？医学美容专家建议爱美的MM，可通过摘取自体脂肪或注射玻尿酸的方法填平凹痕。

◗ 注射玻尿酸

　　玻尿酸是人真皮层中固有的一种物质，1分子的玻尿酸大约可以结合500倍的水分子，能够增强皮肤长时间的保水能力。其注入后能与人体本身的玻尿酸和胶原蛋白互相结合，因其具有良好的活动性且无色透明，所以能填充脸部凹陷处并轻易达到平顺自然的修复效果。因泪沟部位的表皮非常薄，所以注射填充的玻尿酸分子越小越好，最大程度避免术后出现凹凸不平的颗粒现象。

　　玻尿酸去除泪沟纹方法很简单，对于泪沟不严重的人是很好的方法，虽然效果并非永久，但由于注射玻尿酸时间短、恢复时间短、副作用少、快速、安全、无痛、效果自然美观等优势很受青睐。

微整形时长	外用局部麻醉药膏厚敷40分钟； 实际注射时间10~15分钟。
恢复时间	通常无须恢复期，但万一有局部淤青，则需1~2周退去。
可能出现症状	因此处皮肤极薄，所以最容易出现凹凸不平、注射过量肿胀、颗粒感等不良问题。建议与治疗医师及时沟通，分两次治疗，第一次先不要注射太多剂量，待一周后回诊再视情况适当补充，可最大降低发生不良状况的概率。
不适合人群	无不适人群。
术前注意事项	保证皮肤每处无任何敏感发炎现象。
术后注意事项	当日术后，可能施术部位稍有颗粒感，属正常现象；但若次日皮肤外观上仍明显不平整，可在医师指导后，每日自行轻微按压，促进注入的玻尿酸与自身周围组织融合。若一周后仍有不平整或任何问题，请及时回诊处理。

◗ 自体脂肪填充

　　自体脂肪填充也不失为时下去泪沟的好方法。因其自身组织无任何副作用，不会留下任何瘢痕，所以术后不影响正常工作生活。玻尿酸填充效果一般可维持约八个月，脂肪填充可保持永久效果。若皱痕凹陷较深，手术时需注射较多剂量，玻尿酸注射术后可能会出现暗蓝紫色光折射；选择使用胶原蛋白注射，则一般不会有此现象发生。

惨笑鱼尾纹

❧ 擦亮心灵窗 ❧

如果设立一个最讨厌的表情纹排行榜，鱼尾纹绝对榜上有名，没准儿还会位居榜首。因为它，很多明明爱笑的人都不敢开怀大笑了。不禁让人感叹，鱼尾纹真是笑容killer!

鱼尾纹属于动态皱纹"表情纹"，这种皱纹是由于弹力纤维逐渐老化，真皮层逐渐变薄，皮肤水分和皮下脂肪减少，胶原蛋白和弹力蛋白慢慢消逝，皮肤失去弹力和网状支撑力受到皮下肌肉的牵拉而形成的。

鱼尾纹的秘密

眼部皮肤的厚度只有0.5毫米厚，且眼部表情又是最丰厚的区域，除了皮肤自然老化外，风吹日晒、天气干冷、洗脸水温过高、过于夸张的表情、吸烟等，都会导致眼周纤维组织弹性减退，生成鱼尾纹。

Tips

小P老师贴心提示

经常化妆的MM，化妆动作要轻柔，避免过于强烈地拉扯眼周皮肤以造成皱痕产生。睡觉时，注意别养成"趴睡"的习惯，这种姿势不仅会压迫胸口对呼吸不利，还会让脸部更易被压出"皱纹"，特别是午睡时，整个脸都皱皱巴巴地贴在桌面上，更给纹路的产生造势。

充足睡眠：首先注意保证充足睡眠，这也是我在这本书中反复重申的，虽然目前可通过各式有效的化妆及保养手段"亡羊补牢"，但其实我最想传达给大家的，是希望能从日常的点滴做起，让肌肤自然呈现出健康的状态。

如果睡饱美容觉，次晨醒来后一整天都会觉得精力十足，做事自然事半功倍，许多皮肤问题也会不治而愈。

每天喝足八杯水：平时注意多吃一些蔬菜水果，对抗老化极其给力，如西红柿、黄瓜、草莓、桃等；还要避免刺激性食物，尤其像咖啡、可乐、浓茶、酒类等；保证每天喝够八杯水，减少不良的生活习惯。

维生素 E 抗衰老魔法：对于延缓衰老这一重要任务，维生素E胶囊绝对是生力军。维生素E是一种多酸类天然营养素，被认为是"自由基最直接的捕获者"，会在自由基攻击细胞前，先与自由基起反应，将之中和，从而消除自由基对人体细胞的侵蚀作用。因其具有强大的抗氧化作用，所以被视为祛斑养颜、延缓衰老的必备法宝。

Tips：使用时取1粒维生素E胶囊剪开，将其中微黏稠液轻轻拍在眼外鱼尾纹上并让其干燥，可以延长细胞寿命，延缓衰老，并能锁住肌肤水分，提供由内而外的深层滋养。还可做维生素E软胶囊面膜：取1粒压缩面膜纸浸入鲜奶中，滴入剪开的天然维生素E胶囊汁两滴，5分钟后，取出面膜纸，打开敷于脸上，待至面膜纸半干，用温水将脸洗净即可。此法天然温和，经常使用能美白祛斑，配合内服维生素E效果更佳。

❧ 心机"伪妆术" ❧

彩妆应付恼人的鱼尾纹也有妙招：

1.选用液体遮瑕笔沿着眼尾线的方向涂抹上遮瑕产品；
2.接着用指腹，轻轻地拍打眼尾处的遮瑕产品，使遮瑕品紧紧地贴合肌肤，填补肌肤的空缺部位，让鱼尾纹消失无踪；
3.最后薄薄地扫上一层蜜粉，做细部定妆。

妆后

▲鱼尾纹在彩妆的帮助下"游"走了

❧ 按摩改善法 ❧

"摩"平鱼尾纹

　　不论使用什么样的眼部抗老产品，都要搭配正确的按摩手法帮助皮肤有效吸收产品中的精华：

先用一只手的手指按压住太阳穴的位置，再用另一只手的食指和中指从太阳穴出发画"8"字型；

相反动作，步骤同上，左右各三次；

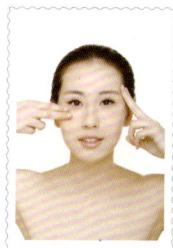

③ 用双手四指指腹交替
提拉眼周肌肤；

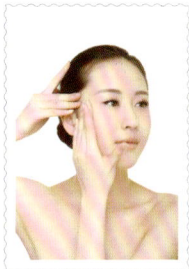

④ 相反动作，步骤同
上，左右各三次。

Peter Thomas Roth彼得罗夫PTR抗皱紧肤修护眼霜

　　目前国际护肤品市场上胜肽浓度最高的眼霜，高效淡化眼部深层皱纹，提升眼部轮廓的抗衰老眼霜。经眼科专家测试，敏感肌或长期佩戴隐形眼镜者都可放心使用。每次挤两颗绿豆大小用量平均点在眼周区域，按压式手法按摩吸收，独特专利配方，含6种具强劲抗皱功能的100%活性胜肽及神经胜肽，强度高达23%。结合3种专为眼周肌研制的全新先进成分，最大程度帮助减少眼周深痕迹皱纹，紧致提升眼部轮廓。建议连续使用28天，平纹修复效果肉眼可见。

Perricone MD裴礼康焕颜眼霜

　　破天荒地使用6种专利肽类，提供先进理想的眼部防皱治疗，诉求使眼周深线皱痕减到最小，减轻眼部松弛、色变和黑眼圈出现。蕴涵神经肽、卵磷脂和DMAE，稀薄淡黄色乳液，很好吸收，每次挤两颗绿豆大小用量轻轻点在眼周，乳液质地很容易吸收，渗透后眼周肤色立即变得鲜活有光泽，原本下眼睑处的细小纹路都被隐形平抚，黑眼圈变淡不少，深层滋润并修护脆弱肌质，提拉收紧眼部轮廓。

Talika Cream Booster塔莉卡光电美肤促进器

　　可在涂抹完眼部抗皱乳/霜后配合使用，帮助增强眼霜功效，最快赋予眼周肌肤活力。就像一根"神奇魔棒"，集离子导入、光线激活和微震传送三种科技于一身，针对解决居家美容的吸收难题，最大限度提升居家保养品中有效成分的美肌效力。

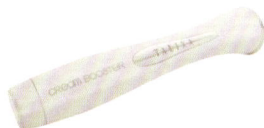

　　每次用它时，只需将保养品均匀涂于肌肤表面后，用手指按住机器上标有TALIKA字样的银色触头，以机器顶部紧贴肌肤，然后启动机器。针对在需要改善修复的皮肤区域由内向外、由上向下轻轻滑动，持续1分钟即可，日间或夜间使用，都可令保养品中的活性成分深入渗透直达肌肤核心部位。同时加速吸收使有效成分在肌肤内传递，令保养品美肌成效实现最大化。

娇韵诗复合生肌精华液（第6代）Total Double Serum G6

　　加班、熬夜打游戏、备战考试到深夜、习惯性晚睡，各种各样的问题都让你睡眠不足，第二天无精打采。加上岁月侵蚀以及地心引力的作用，皮肤变得松弛暗淡，给人的印象大大减分。娇韵诗复合生肌精华液是一款口碑极好，又很经典的抗老之作。它的作用非常广泛，可以活化表皮胶原细胞，击退黑色素细胞，给肌肤注入能量，增强肌肤再生功能，有效抵抗黑色素生成。

　　天然营养成分，超强的锁水能力，为肌肤提供所需的多种维生素和矿物质，有效紧致肌肤。一般产品水油不相溶的瓶颈到这里也宣告out，特别的喷嘴式设计，能够自动获取等量的两种精华素，将其互融合成平衡的混合精华液，让每次挤出来的产品都是最新鲜、最有效的。

无痕美颜术

医学美容的方法对于去除眼部皱纹也是非常有效的。

▶ 注射玻尿酸去鱼尾纹

相信通过前面的介绍，大家现在对于玻尿酸已非常熟悉，它真是一种方便快捷又多用的微整形好方法。

但是有一点必须强调：注射玻尿酸去除鱼尾纹具有时效性。玻尿酸是一种极其安全的材料，会随时间逐渐被人体吸收，也会随新陈代谢排出体外，对身体无任何损伤。玻尿酸注射除皱，保持时间一般维持在12个月，最新风靡的玻尿酸材料，维持时间可更长久。

由于每个人自身肤质与油、水分泌状况的不同，使用玻尿酸去除鱼尾纹时，需依个人感觉舒适程度来决定其使用方法。而且每位求美者的皱纹状况、肤质都不一样，所以术后保持时间也不可能每个人都完全一样。

注射玻尿酸一周内避免用热水洗脸，避免泡温泉、桑拿等，加强肌肤保湿，外出加强防晒，并多食用富弹性纤维、维生素B的食物，且增加营养摄入，使皮肤尽快恢复。

▶ 电波拉皮除皱

电波拉皮除皱也是去除鱼尾纹的有效方法，具有立即紧肤及长久再生胶原蛋白的效果。电波拉皮可瞬间去除眼部皱纹，主要利用真皮层胶原蛋白在摄氏40～50℃自动产生收缩的特性，可让松弛肌肤在治疗后，瞬间获得向上拉提、紧实的效果。

电波拉皮去除鱼尾纹利用射频能量深入真皮层及结缔组织，无须麻醉，无须经历恢复期，无明显创伤口。术后皮肤不会出现红肿，肤质表面基本看不出来任何异状，即使是繁忙的上班族，也可利用短暂午休时间接受电波拉皮治疗。

▶ 保妥适（botox）除皱

台湾明星的好朋友詹医生还推荐保妥适（botox）除皱来去除恼人的鱼尾纹。因为botox具有良好的除皱功效，尤其在去除脸部表情纹上表现最出色。使用时，医生会用极细小的注射针将适量botox准确注入眼周鱼尾纹处，只需用时5~15分钟。注射完成后即可正常生活工作，针眼处可能会出现少许红肿，但症状在次日便逐渐消失，一般24小时后就可看到效果，72小时后效果完美呈现。此法操作简单，但是用量必须要由专业并且有经验的医师来判断，用量过多会出现眼周表情僵硬的现象，这也是许多欧美明星做过微整形手术的破绽。

注射一次效果通常可维持6~8个月，建议一年注射1~2次。临床研究显示，botox除皱保持时间会随着次数增加而延长。

可能出现症状	可能出现注射部位发红的现象，几分钟后就会自行消失。
不适合人群	局部皮肤感染、痤疮发病期、注射局部或全身做过凝血、类固醇等治疗的不适合注射。
术前注意事项	1. 注射前最好能停用阿斯匹林或其他类似抗凝血药物，否则会影响注射美容效果。 2. 注射当天最好不要化妆、喝酒，以免影响治疗。
术后注意事项	1. 注射后8小时内禁止触摸按压注射区域。 2. 注射一周内切记不可揉搓，不要曝晒治疗区域或处于极冷处。 3. 注射后的短期内尽量不要做剧烈的运动，饮食最好保持清淡，尽量避免摄入酒精类、海鲜类等刺激性的食物。

▶ PRP注射

PRP技术（platelet riched plasma）中文译为富含血小板血浆或富含生长因子血浆。PRP自体血液皮肤再生术是指用自体血液让皮肤再生的皮肤再生术。

医生会先抽取你的血液，用离心机分离后，分离出血浆下端富含血小板的部分，再添入EFG表皮生长因子并导入干细胞后，注射到脸部老化的局部区域，刺激周围的纤维母细胞，生成骨胶原或弹力素等弹性纤维，在附近造出新的血管组织，达到刺激肌肤细胞再生的功效。

PRP注射除皱通过点状的皮下注射，能够一次性地修复多个部位，术后只要冰敷20分钟即可。和常规的注射物比，PRP注射之后效果会在半个月后逐渐体现，不会立竿见影。

维多利亚医疗美容医院的专家告诉我们，PRP自体因子焕颜可促进皮肤多个组织的生长及重新排列，从而达到全面提升肌肤状态，延缓衰老的效果。面部微循环的建立，和肌肤代谢的加速，能够促使肌肤自行排出大量毒素，可以改善色素沉着、日晒斑、红斑、黄褐斑等多种色斑，以及皱纹、凹坑、粗糙、松弛及晦暗的黑黄等皮肤问题。

优势	不出现过敏反应，良好的促进皮肤修复的作用，促进皮肤组织完全再生，促进组织重塑。
适宜人群	1. 额头皱纹、颈纹、鱼尾纹、"川"字纹、妊娠纹、生长纹、眼周细纹、鼻背纹、嘴角皱纹。 2. 面部、手部和颈部皮肤松弛、肤质粗糙、皮肤晦暗黑黄。 3. 炎症后色素沉着、色素改变（色斑）、晒斑、红斑、黄褐斑。 4. 暗疮、痤疮疤痕。 5. 眼袋、黑眼圈、鼻唇沟。 6. 毛孔粗大、毛细血管扩张（红脸）。
术后注意事项	注射后可正常洗脸洗澡，但不能用力揉搓注射区；不宜游泳、饮酒、食用海鲜及刺激性食品；10天内，避免服用一些激素类药物，这类药物会加快血液循环，影响注射物停留，有损注射效果。

斑驳眼睑纹

擦亮心灵窗

你是不是也会有这样的困扰：不知从什么时候开始，眼下突然出现了好多细小纹路。本以为是前一夜没睡好或不巧脸压着枕头入睡才被压出来的，很快就会消失不见。但是，奇迹终究没有发生！事实上，这种细纹一旦出现，就不会自动消退。

顽固的眼睑纹

皱纹大致可分为两种：一种是干纹，一般会出现在年轻女孩的眼部、唇角及鼻翼处，是由于干燥、脱水所致，而且即使是油性皮肤也可能会有这个问题；另一种则是随着年龄的增加，所产生的真正的皱纹。

由于眼部皮肤很薄，受缺水、日晒、眼部护理不当、化（卸）妆不当等因素影响，眼部肌肤会首先出现眼下细纹。你可能有点惊讶吧！其实脸部最早出现松弛皱纹的区域并非眼尾，而是下眼睑部位，其次是上眼皮。这个区域的衰老虽没鱼尾纹显眼，却更为脆弱易老，会因不经意的细小纹路累积，而突然出现明显衰老的表征，必须多加关照，不得马虎。

Tips

小P老师贴心提示

　　肌肤干燥更是加速皱纹产生的根结原因，所以要充分做好眼周防晒工作，增加使用眼部保养品为其即时补水。平时可随身带上一副清爽眼胶，休息时为眼周做个及时补水滋养；长时间面对电脑，更别忘记适时给眼睛休息时间。

做个眼霜"知道分子"

　　对付这些细小纹路，密集滋养眼霜当然必不可少。但如果使用不当，不仅不能让细纹消失，副作用也许更多更难搞定。

　　比如很多人一看到眼下生了细纹就拼命地涂抹好几层厚重的眼霜，这样万万不可取。因眼周皮肤非常薄，用量太多，不能被眼部肌肤吸收，反而会加重肌肤的负担。一般使用眼霜时，每次只取两颗绿豆大小用量即可。吸收后，眼周肌肤舒适柔软有弹性、清爽不腻，才是最合适的感觉。

　　你还要学会根据不同年龄选择不同的眼霜。

　　年轻时，眼周皮肤营养还算充分，无须过度供给，而水分不足才是眼周大敌。因此，要保证眼部皮肤滋润，抵抗干燥空气和辐射污染伤害，就要备足保湿眼霜，为防止日后眼部衰老做准备。若直接使用营养丰厚的质地厚重的眼霜，如果眼周皮肤未能完全吸收，会造成其堆积在眼周下方，形成脂肪粒。

　　40岁后，仅完成眼周保湿的眼霜已明显不够给力了，要改用具有滋养及修复效果的保湿眼霜以加强护理。

　　辨别眼霜最简单的方法就是看其质地浓度，质地较稀的，属于补水型眼霜，质地偏厚重黏稠的，就属营养型眼霜。

涂眼霜也不能仅仅是像完成任务般"涂上就好"，若方法不当甚至会造成反效果哦！正确有效的方法是：用无名指指腹取适量眼霜，因无名指指腹在施力时其力度较轻，从下眼睑开始，由眼尾向内轻轻按压；上眼皮则由内眼角开始，以指腹轻轻滑过，反复几次将眼霜均匀延展涂开，至完全渗透吸收。

同时，眼膜也可作为眼霜的辅助产品搭配使用。眼膜渗透作用非常好，在干燥环境中，一周使用1~2次可为眼周肌肤充分补水。另外用过的眼膜也不要丢，将它拿来敷唇边的小细纹，既能减退唇边皱纹，又不浪费精华液。

按摩改善法

精准选用眼周保养品同时，还可搭配简单高效的眼部按摩手法，注意力度一定要轻，否则会适得其反。每天抽出一点时间，延缓眼部纹路，帮助眼霜吸收。

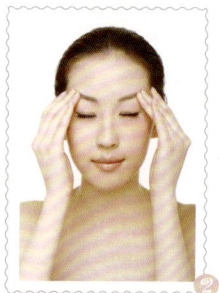

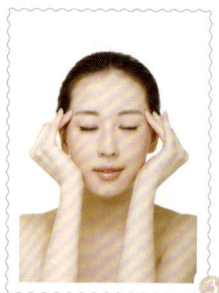

1.眼霜按摩眼周：无名指取适量的眼霜均匀涂在眼周围，轻轻以逆时针方向打圈按摩。然后用中指和无名指按在眼尾两侧慢慢推揉，一定要轻柔，以另一只手的无名指打圈按摩。

2.按压促进循环：当眼霜还没被肌肤彻底吸收时，以大拇指从眉头到眉尾，缓而深地按压眼眶，注意每次按压3秒钟。最后以大拇指指腹的力量按压鼻翼两旁，以促进肌肤血液循环。

3.提拉眼尾：用双手的掌温温热眼部精华液，从眼尾开始，以大拇指的指腹缓缓地朝耳朵方向轻轻提拉松手。反复做5遍。再用食指和中指轻轻拉开眼尾的鱼尾纹。

4.抓捏鱼尾纹：用五指轻轻由下往上，沿着眼眶的周围，利用指腹的力量慢慢抓捏。

这种按摩手法不仅可以去除眼部细纹，对付面部肌肤的各种纹路也很有效果，爱美的MM们不妨照着以下的方法试一试：

① 用中指和食指夹住下巴沿着咀嚼肌，通过按摩的手法拉向耳垂的位置，反复3次；

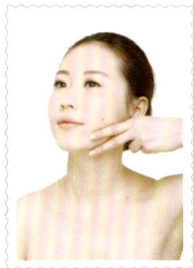

② 将中指和食指指腹放在法令纹的位置；

③ 利用延展的力量把法令纹撑开，反复3次；

④ 将食指和中指合起来放在颧骨处；

⑤ 沿着颧骨下缘向鬓角的方向按摩3次；

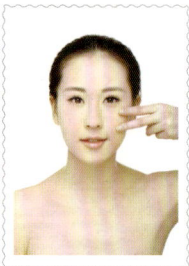

⑥ 将食指和中指放在眼皮的上下缘处；

⑦ 接着向发际线的方向展开，按摩3次；

⑧ 将食指和中指合起来放在额头处；

⑨ 接着开始向两侧平移然后展开，将皱纹撑开也好让产品更好的吸收！

心机"伪妆术"

对付解决眼周干燥，除了平时保养按摩，在彩妆上也有可施展的心机补救法：

1 以1:2的比例，将眼部精华与眼部遮瑕两者混合，增加遮瑕产品的保湿含水量；

2 用无名指的指腹，将遮瑕产品轻轻地涂抹均匀，使眼睛下方的干纹变得柔和；

3 最后轻轻扫上珠光蜜粉，提亮眼周。

妆后

▲眼周干纹也可以依靠彩妆手法及时补救

Lancaster兰嘉丝汀视黄醇精粹滋养眼霜

对于眼部保养，大家通常只着眼于黑眼圈、眼袋、浮肿和鱼尾纹等仅限于眼部下方180度区域的局部护理问题，其实上眼睑下垂，也是让你"1秒变老太"的眼部老化陷阱！这款眼霜运用品牌第五代专利维生素A配方，结合智慧离子导航系统，每次只需取两颗黄豆大小用量轻轻点在上、下眼睑皮肤部位，使其有效抗衰老成分直达肌肤细胞核心，温和提升并紧实上眼睑失弹肌肤，从而提升眼部360度整体轮廓，淡化细纹及皱纹。特别添加七叶树果实萃取精华，能帮助促进眼周肌肤微循环，温和淡化黑眼圈及消肿眼袋，清晰明丽双眸轻松重塑。

❀ 无痕美颜术 ❀

如果嫌日常保养见效太慢，你可使用医学美容手段解决眼部细纹问题。但小P老师还是要嘱咐你：保养肌肤不仅仅是某次头脑一热的大肆涂抹，也不能单单依靠医学美容的救场，更重要的是自己生活习惯和养护上的持之以恒。

一起来看看现在市面上可以去除眼部细纹的微整形手术吧：

▶ 射频治疗仪

眼部专用的Thermage（热玛吉）射频治疗仪器可以治疗眼部细纹问题，它可以瞬间释放较强光束，并针对敏感的眼部控制力度，使胶原蛋白等皮下组织绷紧，促进皮下胶原纤维及弹性纤维增生，这样可将细纹磨平，使皮肤变得平滑，无过敏风险。

因为热量对真皮纤维层达到真正的热损伤，才会确保疗效，所以，可能会有一点疼痛感。当然，这是可以用表面麻药来缓解的。

这种仪器是一人一个治疗头，每一支探头均不会重复使用，这种一次性专利治疗头，可以彻底避免交叉感染。一次治疗后皮肤就会有紧实、被提升的效果。6~9个月后会达到最佳状态，一般情况下效果可以长达3年以上。

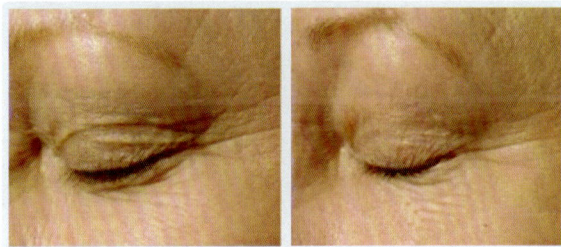

Before　　　　　　　　　After

▲ 消除眼部细纹

（图片提供：韩国HERISHE整形外科医院）

▶ 点阵激光

　　对于眼角细纹，选择激光也是一种不错的方法。采用激光方法解决眼角细纹，治疗快速、效果显著，且治疗副作用小、恢复时间短，集两优点于一身。

　　点阵激光是用激光在皮肤上均匀地打上微细的小孔，来治疗眼部细纹，继而引起一连串的皮肤生化反应，达到紧肤、嫩肤及去除色斑的效果。它是利用真皮层胶原蛋白在摄氏69～700℃产生收缩的特性，让松弛肌肤在治疗后，马上感受向上拉提紧实拉皮的效果。术后2～6天，受刺激的真皮层胶原蛋白会逐渐增生，促使其真皮层恢复紧实弹性，皱纹由深变浅，逐渐消失。

微整形时长	5～15分钟。
恢复时间	1周左右。
可能出现症状	可能出现注射部位发红的现象，几分钟后就会自行消失。

不适合人群	局部皮肤感染、痤疮发病期、注射局部或全身做过凝血、类固醇等治疗的不适合注射。
术前注意事项	1. 注射前最好能停用阿斯匹林或其他类似抗凝血药物，否则会影响注射美容效果。 2. 注射当天最好不要化妆、喝酒，以免影响治疗。
术后注意事项	1. 注射后8小时内禁止触摸按压注射区域。 2. 注射一周内切记不可揉搓，不要曝晒治疗区域或处于极冷处。 3. 注射后的短期内尽量不要做剧烈的运动，饮食最好保持清淡，尽量避免摄入酒精类、海鲜类等刺激性的食物。

▶ 自体细胞注射

用自体细胞注射的方法也可除皱。这种方法是从自身血液提取出来的血浆，通过注射到皮肤组织中的方式除皱美容，对整体皮肤进行提升和再生，对皮肤纹理、胶原蛋白和弹性纤维进行全面修复及重新组合，达到延缓皮肤老化、去除脸部皱纹等目的。此法采用患者的自体皮肤细胞，运用"组织工程技术"，进行细胞分离、纯化、培养，并扩增成足量的成纤维前体细胞及成纤维细胞注射液，再回输到患者皱纹部位的真皮层内。

无神眼袋

擦亮心灵窗

"喂！你好没有精神呀，昨天又熬夜工作了吗？"

"好烦人！眼袋又比前些日子重了。"

"啊？刚刚20岁出头就长出眼袋了呀！"

眼袋一旦出现，就会让人感觉衰老憔悴，对容貌产生很大影响。有的人认为自己眼袋不算明显，总是想等到眼袋再大一些的时候再去除，这种观念是不正确的，其结果必将以付出下眼睑皮肤过早松弛为惨重代价。

眼袋眼袋哪里来

脸上出现眼袋是有很多原因的，睡眠不足、皮肤松弛、年龄增长、天生下眼睑肥胖、妊娠等都有可能让我们脸上形成或轻或重的眼袋。

保养+滋润=去眼袋

也别为初见雏形的眼袋过度紧张，因为有很多人的眼袋只是下眼皮的浮肿导致的。我们还是有很多方法可以预防眼袋过早产生或者干脆让讨厌的眼袋消失的。

首先，要注意保养。除了注意睡眠，提高睡眠质量之外，平时记得要多喝水，但睡前一定要少喝水，否则会让负担加重。

做一些眼部的按摩，促进血液循环，空闲时还可以尝试用黄瓜片和苹果片做一个天然的眼膜，给眼周足够的滋润。

除了以上这些，胡萝卜、西红柿、马铃薯、豆制品里面也有能够帮助我们消除眼袋的维生素A和维生素B$_2$，经常吃的话会对去除眼袋有很好的效果。

按摩改善法

"摩"去眼袋

休息很重要，饮食也很重要，再配合一定的按摩，保你不会再大眼袋缠身：

1. 先用双手四指轻柔地覆盖眼睛四周；

2. 接着双手从眼周平抚至太阳穴；

3. 将双手掌根放至太阳穴两侧；

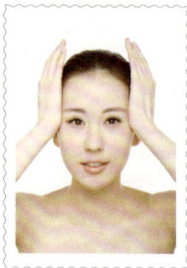

4. 双手四指交叉，在太阳穴处画圈按摩，放松疲惫的双眼。

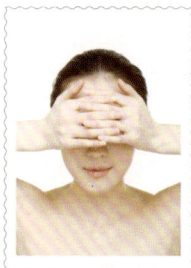

心机 "伪妆术"

1 沿着眼袋的部位用遮瑕产品画出一道；

2 接着用指腹轻轻点开，让遮瑕产品与眼周肌肤更加贴合；

3 利用小刷子取一点蜜粉，做眼周定妆。

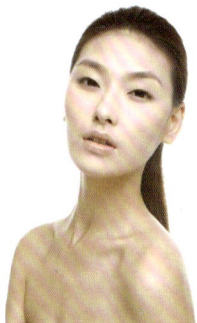

妆后

▲心机彩妆让大眼袋不再死死纠缠

小P老师贴心提示

　　已经有眼袋的女生在化妆的时候一定要注意，在画下眼线的时候千万不要过分用力地拉动眼皮，为了方便可以用干粉轻轻扑在脸上用来稳定手腕的位置，这样不打滑也不会化歪。还有就是我们化妆和卸妆的时候动作一定要轻柔，因为眼睛周围的皮肤非常的脆弱，切记不要拉扯皮肤。在给眼睛卸妆的时候要用专用的卸妆液，这样才能卸除一些防水化妆品，还能滋润眼部的肌肤。

无痕美颜术

　　微整形消除眼袋的手术并不是个特别大的手术，却需要很精细的操作，术前要根据受术者的下眼睑情况如皮肤和轮匝肌松弛程度、皱纹多少、眶隔脂肪等具体情况来确定手术方式，这样才能保证效果。

　　微整形去除眼袋的方法主要分为两种，一种是外路去眼袋，另一种是内路去眼袋。

▶ 外路去眼袋

　　做法就是在距离下眼睑睫毛1~2毫米处切一小口，并且要平行于下眼睑边缘，然后切开眼轮匝肌，眼眶中隔也就暴露出来，然后去除突出来的多余脂肪。再将皮肤牵拉到眼上方，切除牵拉在外侧产生的三角形皮肤后，固定缝合，并把下眼睑多余的皮肤切除后缝合伤口就完成了。

▶ 内路去眼袋

　　即从内部去除多余的眶隔脂肪，由于此处皮肤具有良好的弹性，不会出现皮肤松弛的情况，避免了皮肤外的切口瘢痕，创伤小，肿胀轻，甚至术后都不会有肿胀感。

适合人群	内路去眼袋主要针对的是脂肪型眼袋，多见于年轻人，属于遗传性眼袋。因为年轻人的皮肤弹性较好，所以只需去除脂肪，不必去除肌肉和皮肤。 外路去眼袋主要针对的是衰老型眼袋，通过下眼睑成形术可以有效去除多余脂肪和皮肤组织，从而消除突出感并可改善皱纹。
不适合人群	月经期间，高血压、糖尿病、甲亢突眼症者等。
术前注意事项	去眼袋手术应该选择成熟的医生，在充分沟通的基础上精准设计手术部位。
术后注意事项	眼袋手术后，有可能因为水肿淤血等，造成轻度的下眼睑外翻，可不必特殊处理，一般2~3个月可自行恢复正常。

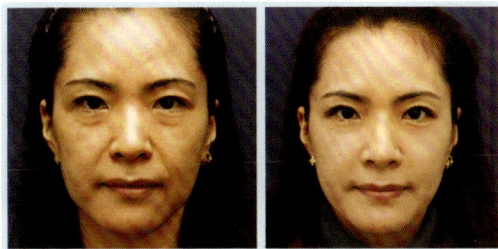

Before　　　　　　After

▲内路去眼袋前后对比图
（图片提供：韩国HER!SHE整形外科医院）

稀疏睫毛

❦ 擦亮心灵窗 ❧

如果说眼睛是人类心灵的窗户，那么一副浓密纤长的睫毛就是200伏电眼之窗！睫毛能衬托出眼睛的灵性，睫毛长的人比睫毛短的人看上去更有精神和魅力。

通常，半弧状睫毛更能衬托眼睛的轮廓，卷曲睫毛又给人甜美可爱的感觉。当然除了看起来精神、漂亮外，睫毛还可阻挡灰尘。你知道吗，任何异物想要接近眼睛，只要先碰触睫毛，眼睛就会立即条件反射性地快速闭合，对保护眼睛也起一定作用。

当你看着电视上明星们那又长又翘的睫毛，再看着自己又短又稀疏的睫毛，心里是不是会有一点酸酸的呢？其实你完全不需要因此而自卑，下面我会给大家一些美化睫毛的有效建议，让睫毛稀疏的MM们也漂亮、自信起来。

❦ 心机"伪妆术" ❧

日常生活中，我们可以用橄榄油对睫毛做滋养呵护。当然，如果条件允许，还可使用睫毛护理液来帮助睫毛生长。

睫毛护理液是睫毛的营养品，它含有丰富营养，能够促进睫毛长长，变黑，变浓密。

接下来，由小P老师为大家推荐两款提升能量的超好用睫毛护理液：

Talika塔莉卡浓翘纤长睫毛滋养精华液

彩妆中的化学物质，卸妆时大力揉搓，紫外线侵蚀，睫毛自然老化，都会导致我们的睫毛干燥粗糙、易断、脱落及失去光泽。这款睫毛滋养精华液富含12种天然植物精华，能滋养毛囊并从根部提供睫毛生长所需的丰富营养，刺激睫毛生长，令睫毛更长、更密、更黑、更卷翘。值得一提的是它独特的双头睫毛刷设计，海绵头可轻柔涂抹在睫毛根部，毛刷则可针对性地均匀梳理每根睫毛，使其根根分明。它不仅可以每日早晚于眼部卸妆后使用，也可使用在上眼妆前一步，为睫毛强韧打底，且塑造最完美的分明质感，为后续上妆提高方便度及美睫效果，还可保护睫毛不受伤。最赞的是，这支睫毛滋养精华液所添加的植物滋养成分，还可帮助眼睑肌肤抗老化，令睫毛生长更牢固持久。

Peter Thomas Roth彼得罗夫晚间睫毛丰盈修护液

添加滋养成分维生素B$_5$、维生素A（维A酯）、维生素C、维生素E，及有效帮助肌肤抗氧化的保湿配方透明质酸、芦荟汁及甘油；独特眼线笔式刷头，只需每晚临睡前使用，在睫毛完全干透情况下，将刷头沿上眼线根部，细细刷整条眼线位置，能帮助滋养睫毛根部毛囊，促进睫毛强韧增长。千万别贪量多涂，每天涂一次，一次涂少量就OK；还可以每晚使用在清洁后的眉毛部位，可加速眉毛增长，为"无眉大侠"实现美眉梦想。

❧ 无痕美颜术 ❧

想不用睫毛护理液，不化妆也有光彩照人的长睫毛？没问题！关于睫毛的医学美容功课，你做足了吗？

▶ Latisse 药水涂抹法

有一次和台湾绮颜诊所的詹医生聊天，他向我介绍了Latisse 药水外用涂抹促进睫毛生长的方法，此药物原本应用于治疗眼压过高，当时意外地发现其有促进睫毛生长的神奇效果；日前，就被美国FDA核准指定为唯一可用于促进睫毛生长的专业型药物。

操作时只需使用药水所附的小棉棒，每天自行涂抹于上眼睑睫毛根部一次，便可逐渐增加睫毛长度、密度、体积，并让色泽加深，通常于2~4个月后达到最佳效果。

可能出现症状	医学报告中显示，4%的使用者可能发生局部皮肤瘙痒或眼睛泛红等刺激现象，但通常不严重；在更少数的情况下，也出现过接触部位皮肤色素加深的现象。因此，使用时请小心薄涂，勿使用过多剂量，并避免流泛至范围过大的区域。
不适合人群	局部有敏感发炎现象时应避免使用。

▶ 睫毛嫁接术

时下还有一个风靡日韩女生的"美睫"神招——睫毛嫁接术。嫁接睫毛，是利用专用的胶水把蚕丝蛋白成分做成的假睫毛一对一地跟真睫毛接合在一起，嫁接后睫毛最少比之前长了一倍。睫毛嫁接术特别适合睫毛稀疏的人，如果想让睫毛更浓一些，甚至可以一对二、一对三地嫁接。

嫁接睫毛的好处就是当你在涂睫毛膏、画眼线的时候，因为本来已经在睫毛上加强了浓度的关系，所以不用涂抹很多遍，只要薄薄地刷一层就已经很明显了。而且接完睫毛甚至不需要画眼线，也能有平时画过眼线的效果。

嫁接睫毛的养护非常轻松简单，只要改掉平常揉眼睛的小习惯，正常轻柔的洗脸和卸妆就都不会有什么问题。只需要注意卸妆时不要用油性卸妆产品，用水性的才不会让胶水开胶。

嫁接好了的睫毛一般可以维持1～2个月，这期间掉个一两根都是很正常的，因为真睫毛28天为一个生长周期，本来就会脱落，所以假睫毛自然也会跟着掉落，在这段时间里要是觉得睫毛不够浓密了，可以花很短的时间补一下掉了的地方。

Tips

小P老师贴心提示

有人会担心嫁接的时候会把自己的真睫毛弄掉，其实只要是技巧比较好的美容师，嫁接睫毛对真睫毛是没有影响的，胶水只会在衔接的部分粘上一点点，对睫毛不会有负担和伤害。

现在的嫁接技术已经非常成熟了，可以让睫毛非常自然，看不到嫁接的痕迹，而且还不会影响到上妆、卸妆和睡觉。

Before　　　　　　After

▲睫毛嫁接前后对比图
（图片提供：璀璨美睫沙龙）

立体眉骨

❦ 心机"伪妆术" ❧

很多女孩都无比羡慕欧洲人古希腊雕塑般的立体五官，尤其是他们深邃的眼窝，漂亮而迷人。因为欧洲人的骨骼本身就比较宽大，所以很容易拥有立体感的面容。而亚洲人的骨骼天生就比较小巧，所以对我们来说，打造一对有立体感的眉骨对眼窝的营造尤其重要。

怎样才能用彩妆打造出好看的眉骨呢？关键在眉骨高光的打造。

眉骨高光的打造并不是很难的技巧，通常在上眼眶和眉毛尾部的下方处，就是我们常说眉骨的位置，这里紧紧挨着眼睑。我们要用浅颜色高光粉来突出眉骨，眼窝自然而然就会在亮度对比的影响下，显出立体感。相反的，如果是天生眉骨很高的人，就用较亮的颜色来突出眼窝，平衡眉骨和眼窝之间的比例关系。

❦ 无痕美颜术 ❧

从专业的角度来说，眉骨的微整形也可以叫做眉骨增高术，通过垫高眉弓的方式来实现眉部的立体，进而调整面部轮廓，使眉毛的曲线更加优美。

▶ 眉骨增高术

从专业的角度来说，眉骨的微整形也可以叫做眉骨增高术，通过垫高眉弓的方式来实现眉部的立体，进而调整面部轮廓，使眉毛的曲线更加优美。

在过去医疗美容科技还不够发达的时代，要想丰眉骨，主要是采取高科技人工合成代用品（聚乙烯、聚四氟乙烯、医用硅胶等）局部加高眉弓。但是现在时代不同喽，怕看见锋利的东西又怕疼的你可以选择注射玻尿酸来丰眉骨。

注射前医生会用外用局部麻醉药膏在欲施打部位厚敷40分钟，听到有麻药是不是一下子就觉得安心了？之后用中分子或大分子玻尿酸在眉骨上方注射适当剂量充填，让眉骨立体，除了让眼眉部轮廓加深，还有稍微拉提眼皮及眼角的附加效果。

微整形时长	外用局部麻醉药膏厚敷40分钟。 实际注射时间10~15分钟。
恢复时间	通常无须恢复期，但万一有局部淤青，则需一至二周退去。
可能出现症状	术后数日内可能略有肿胀感，局部按压可能有颗粒异物感，只要从外观看起来是平整的，便为正常现象，无须挤压。
术前注意事项	局部无敏感发炎现象。
术后注意事项	24小时内不要碰触注射部位，也不要做过多的皱眉头的动作表情。必要时，术后一两周内可由医师指导后，自行挤压帮助塑形。

Part 4

微雕T区

■额头和鼻子一横一竖组成的T区，是最爱捣乱的地方。

出油，起皮，黑头，问题总是没完没了往外冒；更要命的是鼻子塌扁不给力，形状长得也不够立体，额头不够圆润饱满，甚至大夏天也不敢露出来，出汗，出油，还起痘痘，狼狈不堪。

T区的问题真那么难解决吗？未必。

使眉骨变立体，让鼻梁变挺直，缩小宽大的鼻翼，修饰出圆润的鼻头……小P老师教你最棒的T区雕刻术！

立体鼻梁

❧ 拯救T区微缺陷 ❧

是不是经常听到别人说"小心那个鹰钩鼻子的家伙，一定很有心计"或者"那个鼻子瘪瘪的女孩很笨哎"这种话？看来，鼻子的比例以及高低很能决定别人对你的第一印象，甚至有时候一些人会因为你鼻子的形状而误判你的性格：鹰钩鼻代表有心计，鼻子短小好欺负，鼻孔大脾气不好……

哪种鼻子最动人

那什么样的鼻子才算标准呢？

首先鼻子要位于脸部的中心，大家可以试一下，以鼻根为中心，以鼻根到外眦距离为半径画圆，鼻小柱基部和鼻翼缘刚好在此弧线上，两鼻翼外侧缘约在内眦的垂线上为宜。鼻子的形状，无论从正面或者侧面观察，都应该具有立体感和曲线美。

漂亮的鼻子，长度应占整个面部长度的1/3，鼻宽稍大于内眦（左右眼角）间距，最大距离大概是鼻长的70%。从侧面看，鼻尖的高度应是鼻长的1/3。当然鼻子的高度、大小都要和脸部协调成正比。男性颧骨至鼻尖成直线，而女孩子的鼻尖稍翘，流线柔和均匀。

心机"伪妆术"

　　用彩妆的方法塑造立体的鼻子其实并不难哦，用阴影（如棕、黑、灰，可称阴影色）在鼻梁侧部涂于鼻翼方向，以缓曲线烘托眉端下方至眼端延长线的尽头，渐渐与脸的粉底融合，而鼻梁中心线的色调要明亮，可以用米白色、淡肉色等亮色。

1 选用浅咖啡色的颜色从眉头刷下来；

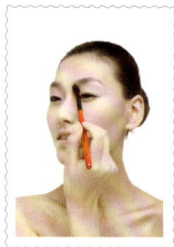

2 带到鼻梁处，作出自然的渐层效果；

3 轻轻地利用手指的温度以及手指的触感在鼻梁两侧轻按，让颜色更均匀更贴合；

4 选用带有珠光的米色提亮山根到鼻梁的位置。

妆后

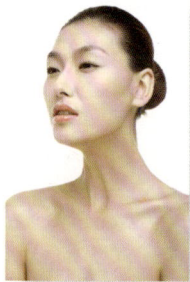

▲ 立体高挺的鼻梁也可以由彩妆魔法创造出来

❧ 无痕美颜术 ❧

除了用化妆品弥补鼻子的缺陷之外，我们也可以用微整形的方法，对鼻子做一个可以维持较长时间的处理。或许给鼻子美容之后，来自外界的积极反馈是让你感到幸福的好办法！

▶ 玻尿酸注射

大分子玻尿酸定型力较强，是理想的鼻梁填充物，流动性佳且颜色透明，在填补凹陷处较容易达到平顺效果。可以瞬间让鼻子变得笔直高挺，因为是经过纯化的成分，注入后会与人体原有的成分融合，医生再根据每位患者整个脸部的协调美，塑造出自然挺翘的鼻梁。

注射过程就像普通打针一样，虽然有轻微疼痛感，但是可以接受。注射后鼻部会显得高挺，法令纹也会变浅，面部会更立体。

恢复时间	通常无须恢复期，但万一有局部淤青，则需1~2周退去。
可能出现症状	可能出现注射部位发红的现象，几分钟后就会自行消失。
可能出现症状	术后略有肿胀感属正常反应，但万一有血液循环不良，出现紫绀现象，需尽速就医处理。
不适合人群	局部皮肤感染、痤疮发病期、注射局部或全身做过凝血、类固醇等的治疗不适合注射。
术前注意事项	1.注射前最好能停用阿斯匹林或其他类似抗凝血药物，否则会影响注射效果。 2.注射当天最好不要化妆、喝酒，以免影响治疗。
术后注意事项	1.注射后8小时内禁止触摸按压注射区域。 2.注射一周内切记不可揉搓，不要曝晒治疗区域或处于极冷处。 3.注射后的短期内尽量不要做剧烈的运动，饮食最好保持清淡，尽量避免摄入酒类、海鲜类及刺激性的食物。 4.眉心、鼻梁山根附近以及鼻头，是玻尿酸注射最须小心注意的部位。眉心及山根附近有数条重要血管，若不慎阻塞，可能引发严重的不可逆伤害，因此，若术后数小时内有任何异状，请尽速找医师诊视。

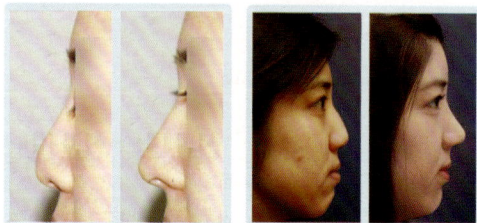

Before　　　After　　　Before　　　After

▲打造立体高耸的鼻子
（图片提供：韩国HER!SHE整形外科医院）

▶ MISKO

　　还有一种来自韩国最新的技术——MISKO，这是一种运用特殊原理研发的一种最新式的隆鼻方式，采用特殊制造的Scaffolder安全素材（一种类似注射器的管子），不带切口的通过注射支撑体，利用特殊工具以注射植入的方式隆高鼻梁或鼻尖，延长鼻子末端、改善鼻翼过大等问题。手术时间只需10分钟，而且效果立竿见影。不留痕，无肿胀，不妨碍日常生活。

　　新型支撑体在经过6个月到1年后，它作为支撑体的角色就逐渐消失了，但在这过程中由于它能引导周围组织形成支撑带，所以一年后效果的30%~50%可以永久保留，不会完全退回到手术前的模样。

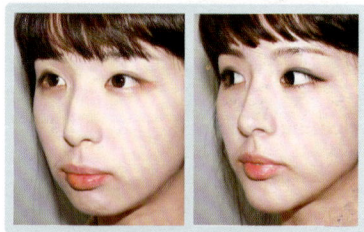

Before　　　　　　　After

▲MISKO隆鼻前后对比图
（图片提供：韩国HER!SHE整形外科医院）

▶ 爱贝芙注射隆鼻

爱贝芙的主要成分为80%的胶原蛋白和20%的PMMA微球，80%的胶原蛋白会在注射的前三个月中作为填充物质，起到暂时性的隆鼻效果；20%的PMMA微球会不断刺激自身的胶原蛋白再生，并能保持胶原蛋白的动态平衡，达到长久的隆鼻效果。

杭州维多利亚美容医院特别提醒大家，隆鼻手术在术前就要设计好想要隆出的效果，确定材料及用量，标注好注射部位，这样才能够达到自己理想的鼻形。

微整形时长	10分钟左右。
恢复时间	无恢复期，效果立竿见影。
可能出现症状	注射局部会有轻微的疼痛，可看出针眼的痕迹，并有轻度红肿，一般1~3天可消肿。
不适合人群	1.孕妇、哺乳期女性、未成年人。 2.皮试阳性者。 3.对利多卡因、胶原蛋白过敏者。 4.有免疫系统疾病者。 5.有瘢痕增生体质者。 6.目前正在接受糖皮质激素治疗者。 7.对微整形美容期望值过高者。
术前注意事项	1.女性避开生理周期。 2.同一部位未注射过保持一年以上的填充材料。
术后注意事项	1天内尽量保持皮肤清洁干燥，避免沾水；3天内要避免大的面部表情动作及丰富的表情；1周内避免食用刺激性食物和易过敏的食物；1天后即可进行适当的化妆；3到7天可到注射医院进行复查；2周后即可进行皮肤护理和治疗。

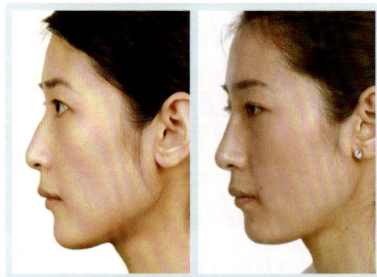

Before   After

▲爱贝芙注射隆鼻效果对比

（图片提供：杭州维多利亚医疗美容医院）

▶ 猫咪手术

要想鼻子高挺，不仅可以在鼻梁上做文章，还可以通过调整人中的角度，来达到衬托鼻子立体轮廓的效果。

在韩国这种手术又名"猫咪手术"，它是使鼻子和人中的角度尽可能地达到90度，无论是嘴巴突出，还是鼻子末端凹陷，或是脸部平坦的人，在手术后都可以让鼻子抬高凸显出来，创造出好看的曲线，就像猫咪般高贵从容。

Tips

小P老师贴心提示

鼻子也不是垫得越高越好，它的美不完全取决于高低，而是与脸形的协调、与其他面部器官的配合。况且鼻部皮肤的松动性有限，它的高度也受到皮肤组织量的限制，如果垫太高的话还有可能引起紧迫不适感，重者导致皮肤缺血坏死。所以还是要适合自己的看上去才比较美观，不必盲目追求西方人的超高鼻梁，东方人也有东方人的玲珑美。

缩小鼻翼

拯救 T 区微缺陷

拥有宽大鼻翼的人，经常会被别人叫成"蒜头鼻"，听上去感觉真的很差。

现实生活中，不少人都为鼻翼肥大而烦恼，漂亮的鼻型与鼻翼有很大的关系，鼻翼大小对五官整体比例来说影响也很大。如果鼻翼偏大，会使鼻子形状与脸部比例看起来不和谐，视觉上令鼻孔扩大，鼻头圆顿，整个鼻子外形看上去也会肥大而缺乏灵气。

你的鼻翼是否标准

鼻子是否标准与性别、脸形、五官的协调等密切相关，而且还要看是否符合本人的审美标准，因此很难用一个精确的数据来判断鼻翼的标准与否。

正常情况下，鼻翼最外侧不超过双内眦垂直线，否则就是鼻翼肥大。眉头、内眼角、鼻翼三点构成垂直直线，形成"三点一线"看起来最为标致。

宽鼻翼即是鼻翼过度外扩。鼻翼过宽、过厚多为先天体格，会宽厚是因为皮肤较厚，皮下组织量多，软骨支架肥厚且有向外膨隆之势。

心机"伪妆术"

鼻子是在脸部正中心最明显的地方，所以首先我们要观察好自身鼻子形状。如果鼻翼天生很大，化妆时可在鼻子两侧涂些稍暗鼻影，从鼻根开始，渐渐往眉头晕染，这样可增加鼻子立体感；如果要从视觉上收小鼻翼，就要从鼻翼外侧往鼻尖方向修饰，通过阴影修正减小鼻翼视觉面积；还有一点，鼻翼较大的MM在上妆时必须选用柔和色调彩妆色，因为过于鲜艳的眼妆及口红会加深鼻形大的印象。

缩小鼻翼的彩妆计

1.用浅咖啡色从鼻翼开始往鼻头由外往内作出渐层缩小鼻翼的效果；
2.另一边也以同样的手法作出渐层效果；
3.轻轻地利用手指的温度以及手指的触感在鼻翼两侧轻按，让颜色更均匀更贴合。

妆后

▲利用彩妆从视觉上缩小鼻翼

Tips

小P老师贴心提示

在卸妆时，一定要将鼻翼两侧清洁干净，鼻翼大的人比鼻翼正常的人更易出现化妆品卡在鼻翼难清理的现象，如果化妆品长时间堆积在鼻翼两侧，不仅会造成鼻翼毛孔堵塞，更会让原本不明显的法令纹加深变明显。

赶走鼻翼暗沉

还有许多MM会有鼻翼肤色暗沉的问题，其实用彩妆就很容易解决哦，快跟我来学下吧：

1.选用液体遮瑕笔顺延鼻翼外围化出一个"C"字形；
2.接着用指腹，将遮瑕产品轻轻地涂抹推开来；
3.最后用海绵按压，使之更加贴合。

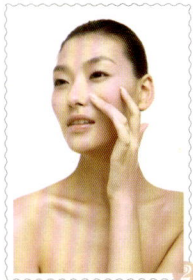

▲用彩妆轻松解决鼻翼暗沉难题

141

▶ 肉毒杆菌注射

　　若要缩小鼻翼，还可在鼻翼上加注少量肉毒杆菌素，减少鼻翼肌肉歙动。

微整形时长	外用局部麻醉药膏厚敷40分钟。 实际注射时间10～15分钟。
恢复时间	通常无须恢复期，但万一有局部淤青，则需1～2周退去。
可能出现症状	术后略有肿胀感属正常反应，但万一有血液循环不良，出现紫绀现象，需尽速就医处理。
术前注意事项	局部无敏感发炎现象。

圆润鼻头

✦ 拯救T区微缺陷 ✦

　　在了解了如何塑造立体鼻梁和缩小鼻翼后，最后小P老师和大家说说同样也关系到鼻子乃至整个脸部造型美的鼻头。

　　鼻子在人们五官的正中心，而鼻头又是鼻子的正中。按中国人的传统审美来说，圆润略微上翘的鼻头是有福气的象征。 那么，如何才能塑造出完美的微翘圆鼻头呢？

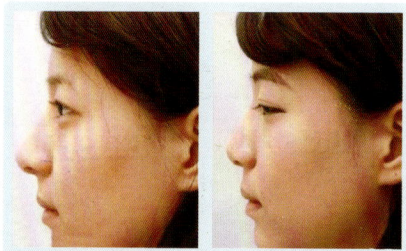

Before　　　　　After

▲塑造圆润鼻头前后对比图
（图片提供：韩国HER!SHE整形外科医院）

　　传统的鼻头整形，要移动鼻翼中的软骨来填充鼻尖，或者填充硅胶之类的填充物来实现饱满，虽然比较长久但是创伤比较大，恢复期也要3个月，之后才能看起来自然一些。现代医学整形则采用胶原蛋白、玻尿酸等比较容易被人体吸收的材质来填充。

术后注意事项	鼻头附近皮肤较厚实，弹性有限，因此单次注射剂量不可过大，以免压迫局部血液循环，造成组织坏死，最好分次少量注射，这样比较保险。必要时，术后一两周可由医师指导后，自行挤压帮助塑形。

Part 5

完美丰唇

■谁不想拥有两片粉嫩嘟嘟的亲吻翘唇？！漂亮的嘴唇，可让一个女人看起来性感，为你的成熟、高贵加分。

你的嘴唇够完美吗？上下唇厚度合适吗？唇线是不是清晰？与人中切迹的配搭是不是协调？出现唇纹怎么办？嘴巴干燥起皮真的没法避免吗？如何给嘴唇化一个自然、朦胧又诱人的妆？

小P老师马上帮你梦想成真。

性感嘟嘟唇

❧ 重塑性感美唇 ❧

对男生来说，女生最性感的部位是哪里呢？有人爱纤细的腰肢，有人爱不经意流露出的香肩，有人迷恋深V的乳沟，有人爱整体玲珑有致的曲线，众口不一。但相信没有人不爱性感的嘟嘟唇，嘴唇的性感中很重要的一个元素就是丰满。玛丽莲·梦露、安吉丽娜·朱莉、朱莉亚·罗伯茨、舒淇、宋慧乔等明星的唇形已经成为性感的象征了。如果嘴唇看起来过于"刚毅"，男生又怎么会有想要吻上去的冲动呢？

完美双唇知多少

一般来说理想美唇标准为：上唇中央厚度为7~8mm，下唇中央厚度为10mm，唇弓线清晰，唇峰点较人中切迹高出3~5mm，口裂宽度男性为45~50mm，女性为42~50mm。当然这只是一个参考，其实嘴唇美不美主要看它与面部整体的和谐以及与其他器官的比例。

Tips

小P老师贴心提示

皮肤的衰老和皱纹的出现都与胶原蛋白损伤及透明质酸的减少密切相关。唇部的肌肤如果缺少胶原蛋白和透明质酸，就会出现唇纹，唇形也会变得不再饱满。所以补充胶原蛋白和透明质酸对于完美唇形和修护唇部肌肤至关重要。

DIY唇膜，居家护唇魔术

或许敷面膜对你来说是家常便饭，眼睛也有眼膜可以滋润，但是每次在保养的时候唯独唇部被单独晾出来，其实它也是很需要爱护的哦。

我们可以自己DIY唇膜，只需准备橄榄油、蜂蜜，剪开1枚维生素E2胶囊，然后将它们倒入容器中搅拌均匀，唇膜就做好了。拿一个小刷子醮取适量涂抹在嘴唇上，可以多涂几层，停留15~20分钟就好。尤其是在寒冷干燥的冬季这种方法可以防止嘴唇因干裂失去活力。

心机 "伪妆术"

深谙化妆之道的MM，肯定早已经掌握了用化妆来营造饱满双唇的秘密：巧妙利用光泽度和颜色的深浅来加强嘴唇的立体感，不会太刻意，但保证朦胧又诱人。

精塑唇线

1　先用粉底或遮瑕产品遮盖原有的唇色，这样能使唇膏的颜色和饱和度更明显；

2　用唇线笔勾勒出唇型，上唇先画出唇峰；

3　在从嘴角向唇峰连接；

4　下唇中间下缘画出唇形；

5 从唇中间向嘴角连接上唇线；

6 晕开唇线，唇膏涂抹在勾勒好的唇线里，从唇的中部向外抹开，唇的边缘要涂得薄一些，凸显嘴唇更翘，更立体；

7 用白色的唇线笔勾勒唇峰和嘴角；

8 晕开边缘线，让唇型更具立体感。

妆后

▲完美的唇妆首先从精致的唇线开始

立体唇峰

1 选用米色的提亮产品提亮唇峰；

2 在下唇部位轻轻扫上阴影，营造唇部的立体感；

3 选用唇刷将唇膏均匀地涂抹于唇部；

4 在下唇部位轻轻扫上阴影，营造唇部的立体感。

妆后

▲色彩魔法轻松打造立体双唇

芙秀嘟嘟丰润唇蜜

蕴涵脱水海洋胶原蛋白微囊，有效渗透唇部肌肤，是以"微注射胶原蛋白"技术为基础，由内至外丰盈双唇，令唇部丰润饱满，是替代局部充填注射剂美容的最佳选择。

一抹即时赋予双唇像打了玻尿酸般的心跳丰唇效果。革命性"微注射胶原蛋白"丰润唇蜜，运用专利海洋胶原蛋白微球体技术，含脱水海洋胶原蛋白微囊，这种胶原质在涂抹后，迅速吸收至唇部组织，自动寻找唇肌天然水分，使唇部瞬间丰润，呈色自然亮透，保证无任何刺激不适，绝对是取代唇部充填注射微整形手术的最佳选择。全系列推出18种颜色，包括透明色和17种深浅红色系及粉色系；使用完丰润唇蜜后，大可搭配其他唇部产品叠加涂抹，打造高饱和度的嘟嘟亲吻唇。

无痕美颜术

如果所有女人都懂得用化妆塑造丰润性感厚唇，微整形丰唇生意就难做了！只是总有那么一部分超级爱美但又不想每天都在嘴唇化妆上花费太多工夫的女生，就想着通过什么方式一劳永逸。随着现代医学美容的发展，丰唇术的种类日新月异，大致可分为手术丰唇和非手术丰唇两种，而被大家普遍接受的是非手术丰唇，即微整形注射丰唇。

下面，小P老师就给大家介绍近年来比较火的两种微整形注射丰唇术。

▶ 玻尿酸填充法

玻尿酸填充法是目前最流行、最普遍的丰唇方法。玻尿酸是人体真皮层中固有的一种物质，1分子的玻尿酸大约可以结合500倍水分子，能够增强皮肤的保水能力，是良好的面部塑形产品。其注入后能与人体本身的玻尿酸和胶原蛋白结合，达到唇部丰满水嫩效果。

由于其低敏性和无排异性，目前是好莱坞和各界名流中最为流行的一种注射丰唇填充物，台湾、香港及内地很多知名女星都有过玻尿酸注射丰唇经历。

小P老师贴心提示

在做这种注射之前，有一点要和医生充分沟通，说出自己想要的形态，让医生可以为你量身设计，根据需求准确选取注射型号与剂量，在上下唇均采用分点注射的方法注射加厚，也就是把适量的玻尿酸分散来注入，取得理想唇形。

微整形时长	口腔及唇部专用局部麻醉药膏敷用10~15分钟后，在适当位置注射适当剂量充填。必要时，可加注射局部麻醉剂，以减少疼痛感。
恢复时间	唇部较容易肿胀发红，通常需两三天消肿。
可能出现症状	术后数日内可能略有肿胀感，局部按压可能有颗粒异物感，只要外观看来平整，便为正常现象。
不适合人群	局部皮肤感染、痤疮发病期、注射局部或全身做过凝血、类固醇等的治疗不适合注射。
术前注意事项	1. 注射前最好能停用阿斯匹林或其他类似抗凝血药物，否则会影响注射美容效果。 2. 注射当天最好不要化妆、喝酒，以免影响治疗。
术后注意事项	1. 注射后8小时内禁止触摸按压注射区域。 2. 注射一周内切记不可揉搓，不要曝晒治疗区域或处于极冷处。 3. 注射后的短期内尽量不要做剧烈的运动，饮食最好保持清淡，尽量避免摄入酒类、海鲜类等刺激性的食物。

◗ 自体脂肪移植丰唇

自体脂肪移植的方法也可以应用在唇部。自体脂肪移植丰唇是在上下口角各选一个进针点，将自体脂肪注入红唇内并轻轻揉按，让脂肪组织均匀分布于红唇内，达到丰满的效果。因为自体脂肪丰唇术是通过注射方式完成丰唇过程的，所以术后不会留有任何伤口。

因为唇部填充需要的脂肪很少，所以只需要抽取少量腰、背、大腿等部位过于丰盈的脂肪就可以了。但是脂肪注入后会被身体吸收，吸收后的效果就要打折扣了。所以，医生会根据个人需要每次多注射一部分脂肪，这样可以使脂肪被吸收一部分后仍然保持较好效果。

自体脂肪丰唇虽不会有伤口，但在恢复期嘴唇会比平常略肿。

不管用什么方法，微整形丰唇虽然可以让唇部变得更加性感，但是需要注意的是，不是唇部越厚越好，要根据自己的需要，要适合自己的脸型。

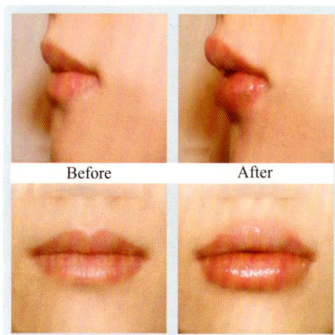

▲性感丰盈的嘴唇
（图片提供：韩国HER!SHE整形外科医院）

附录

想稳赢美肌保卫战？
术前准备要做足！

如果看完前面的内容，你已经斩钉截铁地准备踏入"微整形"变美行列，那么在进行手术前，拟定一套专业精准的手术方案，正确掌握术前术后的保养步骤，才是助你稳赢这场美肌保卫战的决胜筹码。

保持正面心态

俗话说，"知己知彼，百战不殆"，目前广泛运用的微整形术大多是无创的，手术前都会由专业医师为你调配施用适量麻药，但并不能保证整个手术过程绝对无痛无感。在手术过程中，微微灼热感及轻微刺痛感都属正常现象；大部分诉求无需恢复期的微整形手术，术后出现皮肤的轻微泛红现象，也不必过度心急紧张，遇到问题可及时咨询专业医师，给肌肤一个短暂的康复期，无瑕美肌也能指日可得。

订制个人方案

所谓"知己知彼，百战不殆"，相信没有谁比你更了解自己从头到脚的每一寸肌肤与每一处轮廓。首先，对着镜子认真地审视自己，不妨多花一点时间，找出自己的肌肤与轮廓的真正不足，才能确定微整形的目的与成效。毕竟，别人的眼睛和下巴若安在你的脸上，可不一定"浑然天成"哦。

了解手术方案

选择医学美容微整型之前，要对选择尝试的手术方案有全方位的了解和认识，包括针对自己情况是否适用于选择尝试的微整形项目，手术进行的全过程及意外状况下所需承担的风险。要知道，目前风靡走俏的微整形项目大多价格不菲，最好根据自身经济状况选择最适合自己的医学美容疗程，不要自己让被美丽所累，得不偿失。

选择专业医学美容团队

眼下，医学美容微整形项目一再升温，适用范围也越来越广泛，到底如何把钱花在刀刃上？一个极具公信力的专业医学美容团队，绝对是你稳操胜券的"变美"筹码。在确定需要的微整形项目后，必须先找到正规可靠的医疗美容医院进行详细咨询，仔细查明医院的营业执照及相关医师的执业证书。

若要做到信心100%，还可以让医院出示相关手术使用的仪器或耗材的合格字号及进口证明单据。另一个不可偷懒的步骤是，把自己的相关病史（有无药物过敏）及期望塑造的术后结果零疏漏地告诉专业医师，让他们为你分析并拟定最佳微整型方案。

术前健康须知

当确定自己要进行的微整形项目及选好做手术的专业医疗团队后，就要第一时间确认自己需进行手术部位的健康状况，如有不适，一定要及时与医生沟通，了解是否还可如期进行手术。

想迅速恢复完美肌肤？
微整形术后保养秘笈大公开

如果决定接受专业医学美容微整形术，术前必须尽可能保证远离阳光，每天使用安全防晒乳/霜，使用温和舒敏洁面产品，尽量不抽烟等，因所有对皮肤造成不良刺激的行为都会直接影响到术后皮肤的愈合程度。同时，也有许多经过认证的适合微整

形术后皮肤愈合且能最大限度提高术后美肌活力的保养品，接下来，就让小P老师为
你一一介绍：

安全舒敏防护

微整形术后对肌肤的防护、滋养、清洁也是非常重要的，因手术后可能会伴随轻微肌
肤发炎、结痂等正常术后状况，所以对于术后保养品的选择变得尤为重要。

安全防晒，不仅最大隔离紫外线对皮肤造成的伤害，选择集合物理性的防晒产品，保
证不刺激皮肤同时，也为微整形后的脆弱肤质提供最安全的防护。

Lancaster兰嘉丝汀理肤银杏隔离霜 SPF50 PA+++

如果你每天长时间对着电脑，肌肤饱受辐射及光损伤摧残而变得暗黄无
光？这支舒氧隔离防晒，绝对是你的防护美肌秘器。运用独家防晒技术，保
证清爽乳液极易延展渗透肌肤，全面覆盖肌肤表面，同时不堵塞毛孔，不易
产生粉刺，高效抵御城市污染、阳光紫外线、电磁波辐射等外界侵害；清爽
乳液质地，每次取一颗珍珠大小用量延展推开，乳液迅速融化贴合肤质，不
泛白，即使后续叠加上粉，也不会有假面具感，肤质清新一整天。还特别添
加白茶萃取液、银杏叶萃取精华及维他命E等8种高抗氧化植物成分，结合高
效广谱抗UVA/UVB过滤因子，为每寸肌肤提供无间隙、如气泡般轻盈的强大
隔离保护。

温和清洁保湿

微整形术后，肌肤表面难免会有微小创伤口，但这些小伤口一般都不会影响术后肌肤上妆，但卸妆时需尤其注意，千万不能造成原本术后伤口的二度损伤，也要避免在洁面时水中的细菌让伤口刺激感染。术后3天，应尽量避免皮肤在清洁时直接接触到水，让水中肉眼看不到的微小细菌渗入肌肤伤口，造成炎症产生。

Bioderma贝德玛舒妍洁肤液

微整形后一周可能会有结痂的情况出现，所以就需要充足的养分供给，能为你的肌肤输送氧气和水分，让它时刻喝饱水。这款洁肤液，蕴含专利Micelle洁肤配方，特有水溶、油溶分子，可彻底清洁顽固彩妆及肌肤深层污垢，且畅通毛孔；添加天然青瓜植物精华，不含色素、香料及酒精成分，清洁同时，舒缓补湿柔软肤质，减轻术后肌肤灼热及红肿现象；清洁时，只需沾上化妆棉轻抹皮肤，无需过水，即可轻松洗净毛孔内外污垢，净后肌肤清爽光滑，敏感肌及眼周脆弱肌都可放心用。

Bioderma贝德玛PP赋妍去角质凝胶

油性肌、痘痘粉刺肌及混合性肤质尤其适用，也是一款针对术后修复清洁用的安全舒敏产品。含专利Fluidactiv成分，帮助皮肤改善皮脂氧化变硬、毛孔阻塞问题；温和球状粒子结合双重去角质功效，深层洁净肌肤；搭配乙醇酸和水杨酸成分，不含化学成分，不含香精，洁面同时温和软化角质，避免引起任何导致肤质干燥的不良刺激。

每次只需取适量搓揉于湿润脸部，再用清水冲洗，每周使用2~3次，为肌肤深度清洁同时，长效保湿且对抗敏感原，其添加的维他命PP，有效促进肌肤细胞间脂质自我制造，温和提升肌肤自我保湿力，最快修复改善术后敏感受损肌。

Fancl锁水乳液——滋润 Milky Lotion

　　每次使用3～8滴，乳液质感丰盈浓郁，于肌肤表面延展推开，瞬间形成一层锁水薄膜，锁紧水分，保持肌肤持久水润清爽；蕴含香甜豌豆花精华、水润鲜胶原蛋白及氨基酸成分，补湿提升肌肤细密平滑度，活化修护干燥细胞且强化角质层防御机能，帮助去除导致肌肤老化的自由基，皮肤持久润滑饱满。

Fancl锁水乳液——水润 Milky Lotion Light

　　质感清润柔滑易吸收，每次滴3～8滴，延展瞬间即融化隐形于肤质，肤质触感持久沁润剔透，为术后受损干燥肌提供零负担的温润补给，畅通肌肤表面的密布吸收网络，达到早日恢复饱满盈润的术后完美肌质效果。

医院简介

HER!SHE整形外科

位于韩国名品街中心的名流聚集之所，是很多韩国艺人和模特指定的皮肤科医学美容中心。

HER!SHE整形外科有20多年丰富的临床经验与技巧，不断追求自然和谐的美。通过运营干细胞研究室及先导生物整形技术，与国内外多种医疗界活跃的医疗合作，是韩国美容整形界最具口碑的明星医院。

网址：http://china.hershe9.com/

杭州维多利亚医疗美容医院

是国际著名医疗投资机构鑫美集团旗下的一所集微整形美容、皮肤美容、整形美容、牙齿美容、中医学美容容、形象设计于一体的国际化医疗美容医院。

7星级酒店式就诊环境、全程8对1专属服务、ISAPS国际整形团队、专业的太空手术室，很多香港内地的明星都是他们的会员。

网址：http://www.victoriazj.com/

空军总医院医疗美容中心

1997年初，空军总医院在国内率先成立了以激光治疗皮肤色素病血管病为主要特色的医疗美容中心，发展至今已成为国内规

模最大、进口激光设备最多、患者综合满意度最高，集激光、整形、保健美容为一体的医学美容权威单位。是中国激光色素病治疗和整形美容技术应用最早的医疗美容机构。

网址：http://www.unilaser.net/

绮颜诊所

位于台北市中心枢纽地段，由两位皮肤科医师吴敏绮医师与詹育彰医师共同主持，为台北市专业医疗美容诊所的先驱之一。不仅提供专业用心的治疗服务，指导正确的保养观念与方法，更希望能传达对生活美丽的坚持。也是很多台湾明星很爱光顾的医疗美容诊所。

网址：http://www.e-face.com.tw/

reenex瑞妮丝胶原自生中心

2002年于香港成立，于2009年进驻上海。研创突破性的"胶原自生"科技，深入位于皮肤底层500微米的Collagen Zone，激发细胞自然增生骨胶原，能很好地解决肌肤衰老问题。

网址：http://www.reenex.com.cn/

璀璨美睫沙龙

位于北京繁华的三里屯。采用的嫁接睫毛技术均源自于韩国最新的嫁接手法，使用蚕丝蛋白睫毛，以天然植物成分提取的粘合剂，对自身睫毛"零"伤害。嫁接后可保持2～3个月，是许多知名艺人及名流贵妇的首选。

医生简介

郑永春

韩国HER!SHE整形外科医院 首席院长

大韩整形外科学会正会员

大韩美容整形MIPS国际微整形学会会长

大韩整形外科学会正会员

大韩美容整形外科学会正会员

大韩面部整形外科学会正会员

　　从事20多年整形美容工作，对干细胞、脂肪整形及微整形有深入研究，2010年利用细胞成长因子治疗皮肤的研究成果在"HERSHE PRP"商标权登记，2009年"2009大韩民国保健产业大奖"，在各产业在医院医疗部门优秀医院评价上获得"保健产业振兴院长将"称号。

郭豪

韩国HER!SHE整形外科医院 皮肤科院长

皮肤科专家

大韩皮肤科学会正式会员

美国皮肤科学会正式会员

大韩皮肤科医学会正式会员

大韩开院医协议会正式会员

　　从事18年皮肤美容工作，对皮肤美容治疗及保养有深入研究，尤其在研究激光治疗色素病方面有独到见解。

朴钟哲

韩国HER!SHE整形外科医院 眼部手术院长

整形外科专家

大韩整形外科学会正会员

大韩美容整形外科学会正会员

大韩美容整形外科学会学术委员会学术委员

大韩头盖颜面整形外科学会正会员

国际整形外科学会（IPRAS)正会员

从事多年整形美容工作，对于眼部及面部吸脂整形有深入研究，现为国际微整形学会研究委员。

程健

杭州维多利亚医疗美容医院 首席执行院长

国际美容与整形外科协会（ISAPS）会员

泛亚地区面部整形与重建外科学会（PAAFPRS）常务理事

TV明星脸理论创始人

被誉为亚洲注射美容"针神"

主任医师，中国医师协会美容与整形医师分会常务委员，原浙江省医学会整形外科分会主任委员。原浙二医院整形科主任。全脸微雕大师，独创全脸轮廓TV精致化微整形，亚洲超级注射美容大师。

盛宗顺

杭州维多利亚医疗美容医院 整形美容科主任

中华医学会核心成员

ISAPS微整形国际专家团核心成员

一线明星钦点整形专家

中国医师协会会员，中国医师协会美容与整形医师分会会员，从事整形美容专业近20年，因同时擅长微整形、隆胸、吸脂减肥、除皱、面部整形5大领域而被整形界誉为"中国整形美容五项全能"。

钟锋

杭州维多利亚医疗美容医院 副院长

中华医学会皮肤科学会会员

亚洲美肤巅峰大师

娱乐圈明星人称"激光先生"

副主任医师，多次出席中、日、韩国际学术交流会，对亚洲人的皮肤美容领域研究享有极高盛誉。被誉为明星私人皮肤管理专家，为娱乐圈里多位明星美肤。

赵小忠

空军总医院激光整形美容中心激光科主任副主任医师 医学博士

中华医学会医学美学与美容委员会委员

中国医师协会整形与美容医师分会常委

从事皮肤色素病和血管病的研究与激光治疗工作20余年，是国内最早进行激光美容治疗的著名专家，应用激光综合疗法治疗各类皮肤色素病和血管病患者达10余万人次。擅长运用新型激光及光子技术治疗太田痣、咖啡斑、雀斑、鲜红斑痣等各种皮肤色素病、血管病以及除皱抗衰、紧肤嫩肤、永久脱毛等激光、光子美容治疗。

富秋涛

空军总医院激光整形美容中心激光科副主任 副主任医师

中国光学会激光医学分会委员

中华医学会激光医学分会委员

《激光生物学报》编委

多年从事皮肤美容工作，对皮肤美容治疗及保养有深刻研究，尤其在研究激光治疗色素病方面有独到见解。

王忠杰

空军总医院激光整形美容中心注射美容科主任 副主任医师

中华医学会美容与整形专科分会会员

中华抗衰老协会会员

中韩国际美容与整形学会会员

国家一级心理咨询师

自体细胞注射美容技术创始人

从事医学美容临床工作10余年，擅长注射抗衰老美容、注射减肥塑形、整体形象设计等。

詹育彰

台北市绮颜诊所 主治医师

台湾大学医学系毕业

台湾皮肤科专科医师

曾赴英国取得化妆品科学高等国家文凭，为各大媒体与保养品牌竞相邀约合作对象。看诊经验20年，专攻各式医学美容治疗。